普通高等院校"十四五"计算机基础系列教材

计算机导论与程序设计
（Python 语言版）
实验指导

李步升　刘　陶◎主　编

卢荣华　王燕红　王素丽　胡子慧　胡静芳◎副主编

中国铁道出版社有限公司

CHINA RAILWAY PUBLISHING HOUSE CO., LTD.

内 容 简 介

本书是《计算机导论与程序设计（Python 语言版）》的配套实验教材，将计算机基础和 Python 语言程序设计的实践内容合二为一，通过计算机基础部分的实践学习获得计算机基本应用的能力，通过 Python 语言的实践获得通过编程实现问题求解的能力。全书包含 Windows 10 操作系统基本操作、Word 2016 文档排版、Excel 2016 表格操作、PowerPoint 2016 演示文稿的制作、熟悉 Python 语言开发环境、简单 Python 程序、Python 基础语法、程序控制结构、函数、组合数据类型、面向对象、数据分析等 12 个实验。

本书适合作为高等院校理工科专业的大学计算机基础实践课程的教材，也可以作为计算机爱好者的参考书。

图书在版编目（CIP）数据

计算机导论与程序设计（Python 语言版）实验指导 /
李步升，刘陶主编. -- 北京：中国铁道出版社有限公司，
2024.9. --（普通高等院校"十四五"计算机基础系列
教材）. -- ISBN 978-7-113-31388-3

Ⅰ. TP3
中国国家版本馆 CIP 数据核字第 20241PX068 号

书　　名：计算机导论与程序设计（Python 语言版）实验指导
作　　者：李步升　刘　陶

策　　划：曹莉群　　　　　　　　　编辑部电话：（010）63549501
责任编辑：贾　星
编辑助理：史雨薇
封面设计：尚明龙
责任校对：安海燕
责任印制：樊启鹏

出版发行：中国铁道出版社有限公司（100054，北京市西城区右安门西街 8 号）
网　　址：https://www.tdpress.com/51eds/
印　　刷：三河市宏盛印务有限公司
版　　次：2024 年 9 月第 1 版　　2024 年 9 月第 1 次印刷
开　　本：787mm×1 092mm　1/16　　印张：7.75　　字数：177 千
书　　号：ISBN 978-7-113-31388-3
定　　价：24.50 元

前　言

党的二十大报告提出，"教育、科技、人才是全面建设社会主义现代化国家的基础性、战略性支撑"，这对教育发展提出了新的更高的标准和要求。随着计算机技术的飞速发展，高等学校的计算机基础教育在不断发展，教学改革持续深化，各专业对学生的计算机应用能力提出了较高的要求。

Python语言自20世纪90年代诞生以来，经过近30年的发展，已经成为最受欢迎的编程语言之一。在 IEEE Spectrum 发布的2023年（第十届）年度顶级编程语言榜单中，Python 在 Spectrum 及"趋势"方面继续蝉联第一。为了加强学生的信息技术素质教育，加强学生在人工智能和数据分析等领域的动手能力和解决问题能力的培养，编者结合教育部大学计算机课程教学指导委员会发布的《高等学校计算机基础课程教学基本要求》，依据以解决学科问题能力为目标的大学计算机课程教学改革精神，编写了本教材。

本书共有12个上机实验，与主教材《计算机导论与程序设计（Python语言版）》配套使用，实验难易适度，既可用于指导学生上机实践，也可以作为学生复习实训使用；图文并茂，有很强的可操作性。

本书编写特点如下：

（1）人才培养模式革新。党的二十大报告中提出"创新是第一动力"。本书是配套景德镇陶瓷大学理工科专业培养方案实施的一部重要教材，也是人才培养模式创新的具体体现。景德镇陶瓷大学理工科专业在制定人才培养方案时，将计算机基础和程序设计设置为一门课程，减少了计算机基础部分的学时，但加强了计算思维能力的培养。

（2）知识框架创新。本书没有简单粗暴地将计算机基础和Python程序设计两门课程的内容合二为一，而是在计算机基础部分简化关于办公自动化、多媒体技术、网络安全等与程序设计不密切的内容；从计算思维学习自然过渡到程序设计，程序设计内容贯穿计算思维，体现二者之间的联系；程序设计部分的内容考虑理工科专业教学需求，内容深入翔实。本书合理设计知识框架结构，使学生全面了解计算机技术和应用的同时，培养学生形成计算思维，并借助计算思维应用Python编程语言进行程序设计。

（3）案例丰富，代码注释全面。本书编者均有着丰富的计算机基础和计算机程序设计一线教学经验，并编写过大量的应用程序，因此在本教材编写过程中糅合了多年积累的丰富教学案例。

　　本书由李步升、刘陶担任主编，卢荣华、王燕红、王素丽、胡子慧、胡静芳担任副主编。具体编写分工如下：实验一～四由卢荣华编写，实验五由李步升编写，实验六、十二由胡子慧编写，实验七、十由刘陶编写，实验八由王燕红编写，实验九由王素丽编写，实验十一由胡静芳编写。李步升、刘陶负责全书的统稿和定稿。

　　本书的最终出版，离不开编写团队成员的辛苦付出及其他同事和朋友给予的帮助与支持，在此表示感谢。

　　由于计算机技术发展迅速，加之编者水平所限，书中难免存在不妥之处，恳请广大读者和有关专业人士给予批评指导。

编　者

2024年3月

目　录

实验一

Windows 10 操作系统基本操作

一、实验目的

①熟悉 Windows 10 的桌面、任务栏、窗口和对话框及其相关操作。

②掌握 Windows 10 附件中常用程序和文件资源管理器的使用。

③掌握 Windows 10 的控制面板及其相关设置。

④掌握磁盘的基本管理和 Windows 防火墙的设置。

⑤理解文件和文件夹的概念，掌握文件和文件夹的基本操作。

二、实验准备

（一）知识点回顾

1. 桌面、图标、任务栏

启动计算机并登录 Windows 10 操作系统后所看到的界面即为 Windows 10 操作系统桌面。桌面上有若干图标，这些图标大致分为三类：Windows 操作系统自带的图标，用户创建的图标，快捷方式图标。

Windows 10 操作系统安装成功后，系统自带的桌面图标有计算机（桌面上显示"此电脑"）、回收站、网络、控制面板和用户的文件 5 个，如图 1-1 所示。除此之外都是用户创建的图标，不同之处在于有的图标是通过新建或者复制、粘贴生成的，有的图标是安装软件或程序的过程中生成的，有的图标是用户创建的快捷方式图标，快捷方式图标如图 1-2 所示。

任务栏默认位于桌面的最下方，任务栏中含有开始、搜索、输入法、时间/日期设置等命令，如图 1-3 所示。

右击任务栏的空白区域（任务栏的中部），在弹出的快捷菜单中取消"锁定任务栏"勾选，然后在任务栏的空白处按住鼠标左键不放，并对任务栏进行拖动，可以将任务栏拖动到屏幕四周。将鼠标指针移到任务栏的边缘，当指针变成双向箭头时，拖动它可改变任务栏的宽度。

右击任务栏的空白处，选择"任务栏设置"命令，打开"设置"窗口，如图 1-4 所示，将"在桌面模式下自动隐藏任务栏"打开后，返回桌面观察其变化。

图1-1 "桌面图标设置"对话框

图1-2 快捷方式图标

图1-3 任务栏

图1-4 任务栏"设置"窗口

右击要添加的桌面系统图标或应用程序的快捷方式图标，在弹出的快捷菜单中选择"固定到任务栏"命令，完成添加；直接右击快速启动区待删除的图标，在弹出的快捷菜单中选择"从任务栏取消固定"命令，完成删除。

2. 窗口和对话框

双击某个桌面图标将弹出一个窗口，通过单击、拖动等操作可以对窗口进行放大、缩小、位置移动和关闭操作。如果打开了多个窗口，可以通过单击或者组合键操作对窗口进行切换。例如，单击任务栏上对应的程序图标可以切换窗口。单击任某一个窗口的任何地方，则此程序窗口切换成当前活动窗口。通过【Alt+Tab】组合键切换窗口，按住【Alt】键不放，每按一次【Tab】键就会按顺序选中一个窗口的图标，释放【Alt】键相应窗口即被激活为当前活动窗口。使用【Win+Tab】组合键，会平铺显示当前打开的所有窗口缩小版，再通过鼠标进行选择。

对话框与窗口的区别在于需要对"对话框"进行响应，即用户需要对"对话框"做出同意、不同意、忽略和关闭等操作。例如，在 Word 文档中的"插入图片"对话框，如图 1-5 所示。

图1-5　"插入图片"对话框

3. 文件资源管理器

"文件资源管理器"是 Windows 10 提供的资源管理工具，可以使用它查看本机的所有资源，特别是它提供的树形的文件系统结构，能更清楚、更直观地认识计算机的文件和文件夹。在"文件资源管理器"中还可以对文件进行各种操作，如打开、复制、移动等。右击"开始"按钮，弹出快捷菜单，在其中选择"文件资源管理器"命令将打开"文件资源管理器"窗口，单击"查看"选项卡，呈现的界面如图 1-6 所示。

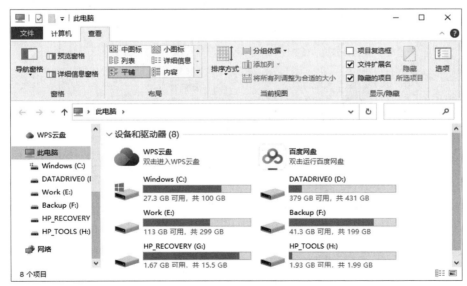

图1-6　文件资源管理器

　　分别对"窗格""布局""当前视图"→"排序方式""显示/隐藏"→"文件扩展名"和"隐藏的项目"进行相应的操作，观察窗口里面的变化。单击最右边的"选项"按钮，弹出图 1-7 所示的"文件夹选项"对话框，可对文件或文件夹进行高级设置。

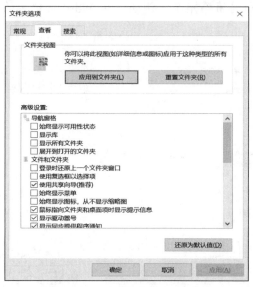

图1-7　"文件夹选项"对话框

4．控制面板

　　控制面板是 Windows 操作系统图形用户界面一部分，可通过"开始"菜单访问。它允许用户查看并更改基本的系统设置，比如添加/删除软件，控制用户账户，更改辅助功能选项。控制面板的查看方式有类别、大图标和小图标三种。"类别"查看方式下的控制面板如图 1-8 所示。

图1-8　控制面板

5．Windows 附件和 Windows 管理工具

Windows 附件和 Windows 管理工具中提供了一些实用的程序/功能，比如 Windows 附件中的画图、记事本、写字板等，Windows 管理工具中的磁盘清理、碎片整理和优化驱动器、注册表编辑器等，如图 1-9 和图 1-10 所示。

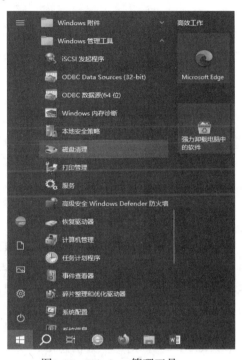

图1-9　Windows附件　　　　　　　图1-10　Windows管理工具

6．文件和文件夹

文件是指存储在计算机系统中的一段数据，它们有着自己的文件类型和大小。文件夹是用来存放文件的虚拟容器。文件夹的大小取决于其中的文件的总大小。文件夹可以嵌套，即一个文件夹可以包含一个或多个文件夹，而这些文件夹又可以包含一个或多个文件夹。

利用文件与文件夹的区别可以解决很多实际问题。例如，如果一台计算机上的文件太多，就可以利用文件夹的嵌套功能，将文件分类存放，以方便查找和管理。可以利用文件夹的权限机制，使某些文件只有特定的用户可以访问，从而保护文件的安全性。

文件/文件夹的属性分为只读、隐藏和存档属性，其中存档属性（即可以存档文件）是文件/文件夹的默认属性。可以通过"属性"对某个文件/文件夹进行只读和隐藏属性的设置。例如，在 D 盘新建一个名为"个人信息"的文本文件，输入自己的姓名和专业班级、联系方式，然后保存。之后右击"个人信息.txt"文件，在弹出的快捷菜单中选择"属性"命令，打开"个人信息.txt 属性"对话框，勾选属性中的"只读""隐藏"复选框即可设置该文件的"只读""隐藏"属性。如果要查看该文件的存档属性，单击"高级"按钮，将弹出"高级属性"对话框，如图 1-11 所示。

图1-11　设置属性

　　删除文件/文件夹分逻辑删除和物理删除两种：逻辑删除是指将被删文件移入回收站（回收站属于硬盘的一部分），该文件仍然在硬盘上；物理删除也称为永久性删除，被删文件将从硬盘上抹去，不会进入回收站。

　　例如，删除上面建立的"个人信息.txt"文件：

　　方法一：右击"个人信息.txt"文件，在弹出的快捷菜单中选择"删除"命令（或者直接按【Delete】键），则"个人信息.txt"从当前位置消失，并进入了"回收站"。可以通过"回收站"找到该文件，再通过"回收站"窗口的"管理"组中的"回收站工具"中的"还原选定的项目"将被删文件恢复，如图 1-12 所示。如果选择了"回收站工具"中的"清空回收站"，则被删文件就从硬盘上消失了。

图1-12　通过回收站工具中"还原选定的项目"恢复被删文件

　　方法二：在删除过程中同时按住【Shift】键（即选定"个人信息.txt"文件，然后同时按住【Delete】和【Shift】两个键），将弹出"确实要永久性地删除此文件吗？"对话框，如图 1-13 所示，一旦单击"是"按钮，则"个人信息.txt"文件将从本机硬盘消失，不会进入回收站。

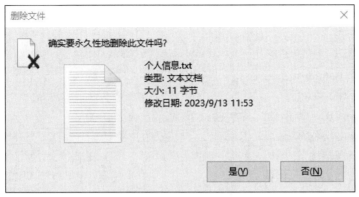

图1-13　文件的物理删除

（二）知识点巩固

1. 操作系统的主要功能是（　　　）。

　　A. 把源程序转换为目标程序　　　　　B. 进行数据处理

　　C. 管理所有的软、硬件资源　　　　　D. 实现软、硬件转换

2. 在操作系统中，文件管理的主要功能是（　　　）。

　　A. 实现文件的虚拟存取　　　　　　　B. 实现文件的高速存取

　　C. 实现文件的按内容存取　　　　　　D. 实现文件的按名存取

3. 关于"程序的安装与卸载"，下列说法中正确的是（　　　）。

　　A. 在"开始"菜单的"程序"中提供了安装卸载应用程序的功能

　　B. Windows 10 的"控制面板"中提供了安装卸载应用程序的功能

　　C. 在"开始"菜单的"程序"中右击，选择"删除"命令即可完成卸载

　　D. 在"附件"中提供了安装卸载应用程序的功能

4. 在 Windows 10 环境中，对某个文档进行修改后，既要保存修改后的内容，又不能改变原文档的内容，此时使用"文件"菜单中的（　　　）命令。

　　A. 属性　　　　　B. 保存　　　　　C. 另存为　　　　　D. 打开

5. 为了获取 Windows 10 的帮助信息，可以在需要帮助时按（　　　）键。

　　A. F1　　　　　B. F2　　　　　C. F3　　　　　D. F4

6. Windows 管理工具中的"碎片整理和优化驱动器"程序主要具有（　　　）。

　　A. 增加硬盘的存储空间　　　　　　　B. 备份文件

　　C. 修复已损坏的存储区域　　　　　　D. 优化硬盘的存储和访问效率

7. 在 Windows 10 中，每个窗口最上面有一个标题栏，把鼠标光标指向标题栏并拖放，则可以（　　　）。

　　A. 变动该窗口上边缘　　　　　　　　B. 移动该窗口

　　C. 放大该窗口　　　　　　　　　　　D. 缩小该窗口

8. Windows 10 中，为了实现中文与英文输入方式的切换，应按的键是（　　　）。

　　A. Ctrl+Space　　　　　　　　　　　B. Shift+Space

　　C. Alt+F6　　　　　　　　　　　　　D. Shift+Tab

9. 在安装了 Windows 10 的计算机中，由操作系统安排显示在桌面上的图标是（　　　）。

　　A. Word　　　　B. 资源管理器　　　　C. Oracle　　　　D. 回收站

10. 可以用于大小写字母转换的键是（　　　）。

　　A. Ctr　　　　　　　B. Caps Lock　　　C. Tab　　　　　D. Alt

11. 在 Windows 10 的桌面上，双击"此电脑"图标，可以（　　　）。

　　A. 关闭 Windows 系统　　　　　　　B. 关闭计算机

　　C. 启动计算机　　　　　　　　　　D. 浏览本计算机上的所有资源

12. Windows 10 的"开始"菜单包括了 Windows 系统的（　　　）。

　　A. 初始化功能　　B. 没有功能　　　C. 主要功能　　D. 全部功能

13. 在 Windows 10 中，双击标题栏可以完成（　　　）操作。

　　A.关闭窗口　　　　B.隐藏窗口　　　　C.窗口最大/还原 D.不同程序切换

14. 关于回收站正确的说法是（　　　）。

　　A. 回收站的内容不可以恢复　　　　B. 清空回收站后仍可用命令方式恢复

　　C. 回收站是在内存中开辟的　　　　D. 暂存所有被删除的对象

15. 在 Windows 中"记事本"程序默认的文件类型是（　　　）。

　　A. docx　　　　　　B. txt　　　　　　C. lst　　　　　　D. aif

16. 以下两个文件不能放在同一个文件夹中的是（　　　）。

　　A. ABC.COM 与 abC.com　　　　　B. abC.com 与 aaA.com

　　C. abC.com 与 abc　　　　　　　　D. abC.com 与 abC.exe

17. 快捷方式的含义是（　　　）。

　　A. 特殊文件夹　　　　　　　　　　B. 指向某对象的指针

　　C. 特殊磁盘文件　　　　　　　　　D. 各类可执行文件

18. 在文件夹中（　　　）。

　　A. 必须包含文件　　　　　　　　　B. 必须包含文件或文件夹

　　C. 可以包含文件或文件夹　　　　　D. 只能包含文件夹

19. Windows 10 的任务栏区存放的是（　　　）。

　　A. 所有已打开窗口的图标　　　　　B. 当前窗口的图标

　　C. 已打开的文件名　　　　　　　　D. 已启动，并正在执行的程序名

20. 在"文件资源管理器"中，"剪切"一个文件后，该文件被（　　　）。

　　A. 删除　　　　　　　　　　　　　B. 临时存放在"剪贴板"上

　　C. 临时存放在桌面上　　　　　　　D. 放到"回收站"

三、实验内容

1. 删除桌面上的"回收站"图标，然后再将"回收站"添加到桌面上。

2. 将桌面上的"此电脑"和"回收站"的图标改为个性化的图标（自行选定图标）。

3. 将"任务栏"进行隐藏，再取消隐藏；并改变"任务栏"大小，同时将"任务栏"拖放至桌面的顶部。

4. 将桌面上的"360 浏览器"的快捷方式（若没有，请上网下载并安装 360 浏览器）放入快速启动任务栏中。

5. 利用"Windows 附件"中的"画图"程序，创作一张图片（内容自定，要求积极健康！至少包含个人姓名），并以文件名"picture.png"保存到桌面上，同时将其设置为桌面背景。

6. 将本机的鼠标指针改为"Windows 黑色（大）（系统方案）"，并显示指针的运动轨迹。

7. 从网上下载"微信"，并安装到本机上，然后运行微信（如果本机已安装有"微信"，请先卸载并重启计算机），用本人微信登录，通过"文件传输助手"将桌面上的文件"picture.png"传到本人手机上。

8. 在桌面上新建一个名为"大学生心理教育心得.txt"的文本文件，文件内容如下：

通过学习心理健康课程，我的性格，为人处世的方式，甚至价值观都发生了很大的变化。我开始学会如何去关心他人，处理事情时也考虑得更周到了。逐渐开始观察、理解朋友的心理、情绪上的变化，并力所能及给予安慰，以缓解轻度的心理上的问题。

9. 将桌面和"文件资源管理器"窗口分别进行截屏，并打开"写字板"程序，将截屏（两张图片）复制到写字板文件中，最后保存写字板文件，文件名为"截屏.rtf"。

10. 通过系统提供的"计算器"求解下面问题：

（1）$(234)_{10}$=（　　　　）$_2$=（　　　　）$_8$=（　　　　）$_{16}$；

（2）$(1110011001)_B$=（　　　　）$_O$=（　　　　）$_H$=（　　　　）$_D$；

（3）16^3=（　　　　）；

（4）$\sin(60^\circ)$=（　　　　）；

（5）2023 年 7 月 1 日到 2023 年 9 月 27 日相隔的天数为（　　　　）。

11. 打开桌面上的任一应用程序，并通过任务管理器结束该应用程序。

12. 在 D 盘新建 stu1 和 stu2 两个文件夹，在 stu1 文件夹中新建一个文本文件，取名为"个人基本信息.txt"，输入内容为"自己的学号、专业和姓名"；用"画图"程序在 stu2 文件夹中新建一个文件，取名为"photo.png"，截取本机的桌面作为内容并保存；

13. 将 stu1 文件夹中的"个人基本信息.txt"重命名为"个人基本信息.docx"，观察文件图标的变化，然后将"个人基本信息.docx"的属性设为"隐藏"。

14. 在桌面上建立"photo.png"文件的快捷方式，并将其命名改为"我的图片"。

15. 将 Windows 10 系统中"写字板（write.exe）"的快捷方式放到 stu2 文件夹中，并且在 stu2 文件夹中双击该快捷方式，在打开的文件中输入"景德镇陶瓷大学"，将文件名为"我的大学.rtf"保存到 stu2 文件夹中。

16. 将文件夹 stu1 进行逻辑删除（放入回收站），将文件"photo.png"进行物理删除（同步按住【Shift】键）；然后从回收站中还原 stu1 文件夹。

实验二

Word 2016 文档排版

一、实验目的

①掌握 Word 2016 的启动和退出方法。
②掌握 Word 文档的创建、文本输入、保存、打开操作和关闭方法。
③掌握 Word 文档的字符排版、段落排版和页面设置。
④掌握图片插入、编辑等格式化方法，艺术字的使用。
⑤掌握图片和文字混合排版的方法。
⑥掌握表格的建立及内容的编辑。
⑦掌握表格中数据的计算和格式化。

二、实验准备

（一）知识点回顾

1. 文字、符号、图片和表格

Word 排版的对象包含文字、符号、图片和表格，以文字和符号为主，特殊符号、图片和表格为辅。

2. 字符录入与排版

字符录入指的是通过输入设备，主要是键盘来录入汉字、英文字母、标点符号等字符，也可以通过"插入"→"符号"→"其他符号"录入字符。

字符排版指的是对录入的各种字符进行字体、字号、颜色、效果、对齐方式等的相关设置，操作方法是先选定被操作的字符，然后通过"开始"→"字体"和"开始"→"段落"进行有针对性的效果设置，如图 2-1 所示。

3. 图片的插入、编辑等格式化操作

Word 文档中适当插入一些图片，对文档进行图文混排使得文档排版更美观。通过"插入"菜单中的"插图"选项组完成各种图片的插入操作，包含图片、联机图片、形状、SmartArt、图表等。也可以通过复制/剪切、粘贴操作完成各种图片的插入操作，如图 2-2 所示。

图2-1　字体设置

图2-2　插入图片

选定插入的图片，可以对其进行对齐方式和图片格式设置，包含大小、版式、裁剪等操作，如图 2-3 所示。

图2-3　"设置图片格式"对话框

4．表格的建立与编辑

Word 文档有时需要对数据进行操作，包括计算总分、平均分、排序等，此时利用表格可以提高页面的整洁性和运算处理的高效性。可以通过"插入"→"表格"→"插入表格"或者"绘制表格"来新建一个多行多列的表格。在表格中可以录入各种字符，对表格中字符的编辑操作类同于前面介绍的字符的排版操作。

选定新建的表格，右击弹出快捷菜单，在其中选定"表格属性"项即可弹出"表格属性"设置对话框，提供表格、行、列、单元格、可选文字等设置操作。

还可以对表格中的多个单元格进行合并和拆分操作，如图 2-4 所示。

图2-4　"表格属性"对话框

5. 段落排版和页面设置

段落设置是指以段落为单位，对文档进行缩进和间距，换行和分页，中文版式，项目符号和编号等操作。通过"开始"→"段落"或者"插入"→"文本"进行操作实现，如图 2-5 所示。

页面设置是指对 Word 文档的整体布局以达到符合要求的版式，包含调整页边距、设置纸张参数、版式设计和文档网格设置。可以通过"布局"→"页面设置"进行操作实现，如图 2-6 所示。

图2-5　段落设置

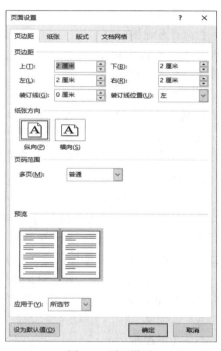

图2-6　页面设置

（二）知识点巩固

1. Word 2016 文档默认的扩展名为（　　　）。

    A．docx　　　　　　B．dot　　　　　　C．doc　　　　　　D．avi

2. 在 Word 2016 文档中使用（　　　）有助于加强文档作者和审阅者之间的沟通。

    A．标题　　　　　　B．页码　　　　　　C．页眉和页脚　　　D．批注

3. 在 Word 的表格中，依据某列的各单元格内容的大小可以调整各行的上下顺序，这种操作称为（　　　）。

    A．排序　　　　　　B．索引　　　　　　C．移动　　　　　　D．调整

4. 在 Word 中，段落首行第 1 个字符的起始位置距离段落其他行左侧的缩进量称为（　　　）。

    A．首行悬挂　　　　B．首行缩进　　　C．首行左悬挂　　　D．首行左缩进

5. 在 Word 文档的"字数统计"中，用户不能得到的信息是（　　　）。

    A．文件的长度　　　B．文档的页数　　C．文档的段落数　　D．文档的行数

6. 在 Word 2016 中，可以将一段文字转换成表格，对这段文字有一定的要求，具体要求是（　　　）。

    A. 必须是一个段落

    B. 必须是一节

    C. 每一行的几个部分之间必须用空格分隔

    D. 每行的几个部分之间必须用统一符号分隔

7. Word 2016 文档中默认的视图模式是（　　　）。

    A. 阅读视图　　　　　　　　　　　　B. web 版式视图

    C. 页面视图　　　　　　　　　　　　D. 大纲视图

8. 若想选取整个 Word 文档，移动光标到文本的左侧，（　　　）。

    A. 单击左键盘　　　　　　　　　　　B. 双击鼠标左键

    C. 三击鼠标左键　　　　　　　　　　D. 双击鼠标右键

9. 在 Word 文档中插入了 1 张图片，不能对该图片进行的操作是（　　　）。

    A. 放大或缩小　　　B. 移动　　　C. 修改图片中的图形　　D. 剪裁

10. Word 中要想实现图文混排，首先需要（　　　）。

    A. 选取一段文字　　　　　　　　　　B. 选取一个图形

    C. 在图形中加入文本框　　　　　　　D. 选取包含文字和图形的文档内容

11. Word 文档中不能设置插入的分隔符号有（　　　）。

    A. 分页符　　　　　B. 分节符　　　　　C. 段落分隔　　　　　　D. 分栏符

12. 一个 Word 文档编辑排版完毕，要想知道其打印效果，可以选择（　　　）功能。

    A. 打印预览　　　B. 模拟打印　　　C. 提前打印　　　　　D. 屏幕打印

13. 在 Word 编辑状态，"格式刷"的作用是（　　　）。

    A. 复制格式　　　　　　　　　　　　B. 复制文本

    C. 复制图形　　　　　　　　　　　　D. 复制文本和格式

14. Word 文档编辑完成后，可以使用"文件"菜单的（　　　）来改变文档的保存位置。

    A. 保存　　　　　B. 另存为　　　C. 属性　　　　　　　D. 版本

15. 在 Word 文档中，（　　　）不是格式工具栏上的对齐按钮。

    A. 左对齐　　　　B. 右对齐　　　C. 居中对齐　　　　　　D. 上对齐

16. 对一个 Word 文档进行"目录"制作，应该使用（　　　）菜单的"目录"。

    A. 文件　　　　　B. 开始　　　　C. 引用　　　　　　　D. 审阅

17. 在 Word 文档中，当按下键盘上的（　　　）键时，插入点左边的字符会被删除。

    A. 退格　　　　　B. 插入　　　　C. 改写　　　　　　　D. 删除

18. 在 Word 文档中，如果完成了"查找和替换"操作（尚未单击"保存"命令）之后发现操作错误，则（　　　）。

    A. 无可挽回　　　　　　　　　　　　B. 可用"撤销"来恢复

    C. 必须手工恢复　　　　　　　　　　D. 有时可恢复，有时就无可挽回

19. 在 Word 的编辑状态，当插入点位于文中某处，输入字符通常都有（　　　）两种工作状态。

    A. 复制与移动　　　B. 插入与移动　　C. 改写与复制　　　　　D. 插入与改写

20. 用 Word 进行图文混排时，对图片周围的文字环绕方式有多种，以下（　　）环绕方式不在其中。

  A. 嵌入型   B. 四周型   C. 紧密型   D. 左右型

三、实验内容

上机题 1：在 D 盘新建一个文件夹，并以自己的"学号+姓名"命名文件夹，然后在其中新建一个以"梦想.docx"为文件名的 Word 文档，输入以下四段内容，然后关闭该文档。

  梦想是灯塔，指引人生前进的方向。一个没有梦想的人，就像船只失去方向；一个没有梦想的人，就像鸟儿没有翅膀。

  面向太阳，就会是希望；勇敢成长，就是种锋芒。我相信，梦想就是最好的信仰。它指引着我向前，让我不再彷徨。

  就算前路充满荆棘，困难重重；就算面临失败、痛苦、挣扎，只要把坚强做作翅膀，逆风也能飞翔；只要把希望化成力量，奇迹会从天而降。我相信，我就是我。独一无二，势不可挡；不怕孤独，不惧风浪。因为有你，与我并肩。我相信朝着梦想，大步向前，我们可以改变世界，我们可以实现梦想！

  I believe I can!

  操作要求：打开"梦想.docx"文件，并进行如下操作。

（1）正文字体设置为四号宋体，给文章添加标题"梦想"，要求使用"标题 1"，字体为华文行楷，字号为二号，字符间距加宽 3 磅。设置标题段的段前、段后间距均为 20 磅。给标题加尾注"作者：泰戈尔"。

（2）将正文的第一、第二段合并为一个段落；将每个段落均设置首行缩进 2 个字符。复制正文中第一段，粘贴至第二段后面。

（3）第一段中的"梦想是灯塔，指引人们前进的方向"中"方向"两字的字符位置提升 3 磅。

（4）将"面向太阳，就会是希望"字体设置为倾斜、红色、字符缩放 150%。

（5）给"勇敢成长，就是种锋芒"加着重号。

（6）给正文第二段中的"失败、痛苦、挣扎"加双删除线。

（7）将正文中的"相信"替换为"believe"，"believe"字体格式为绿色、加粗。

（8）将第一段中的第一个字"梦"设置为首字下沉，字体设置为隶书，下沉行数三行，距正文 0.5 厘米。

（9）将正文第二段设置为两栏显示，栏宽 7 厘米，中间加分割线。

（10）给正文中第三段加阴影边框，边框颜色为蓝色，宽度 1.0 磅；给正文中第三段加底纹，选择图案样式 20%，颜色为黄色。

（11）给"I believe I can"加文字边框，颜色为蓝色，宽度 1.5 磅。

上机题 2：在 D 盘新建一个文件夹，并以自"学号+姓名"命名文件夹，然后在其中新建一个以"时光.docx"为文件名的 Word 文档，输入以下三段内容，然后关闭该文档。

  燕子去了，有再来的时候；杨柳枯了，有再青的时候；桃花谢了，有再开的时候。但是，聪明的，你告诉我，我们的日子为什么一去不复返呢？——是有人偷了他们吧：那是谁？又藏在何处呢？是他们自己逃走了吧：现在又到了哪里呢？

我不知道他们给了我多少日子；但我的手确乎是渐渐空虚了。在默默里算着，八千多日子已经从我手中溜去；像针尖上一滴水在大海里，我的日子滴在时间的流里，没有声音，也没有影子。我不禁头涔涔而泪潸潸了。

去的尽管去了，来的尽管来着；去来的中间，又怎样地匆匆呢？早上我起来的时候，小屋里射进两三方斜斜的太阳。太阳他有脚啊，轻轻悄悄地挪移了；我也茫茫然跟着旋转。于是——洗手的时候，日子从水盆里过去；吃饭的时候，日子从饭碗里过去；默默时，便从凝然的双眼前过去。我觉察他去的匆匆了，伸出手遮挽时，他又从遮挽着的手边过去，天黑时，我躺在床上，他便伶伶俐俐地从我身上跨过，从我脚边飞去了；等我睁开眼和太阳再见，这算又溜走了一日；我掩着面叹息。但是新来的日子的影儿又开始在叹息里闪过了。

操作要求：打开"时光.docx"文件，并进行如下操作。

（1）设置纸张为 A4，上下页边距和左右页边距均为 2 厘米；设置文档网格为每行 35 个字符，每页 35 行；页眉居中输入"散文赏析"，页脚居中插入页码"-1-"。

（2）给文章加标题"匆匆"，设置为艺术字（第三排，第三列样式），高度 3 厘米，宽度 12 厘米，"匆匆"字符间距加宽 20 磅；设置发光效果为"水绿色，18pt，个性 5"，棱台效果为"冷色斜面"，转换效果为"正 V 型"。

（3）正文每段首行缩进 2 个字符。第一段文本第一个字"燕"首字下沉 3 行。

（4）第二段设置分为两栏，中间加分隔线。

（5）在第三段文本中插入图片一张"燕子"的图形（从互联网上找），图片环绕方式为"四周型"，设置图片高度为 4 厘米。

上机题 3：在 D 盘新建一个文件夹，并以自"学号+姓名"命名文件夹，然后在其中新建一个以"成绩表.docx"为文件名的 Word 文档。在该文档中插入 5 行 4 列的表格，见表 2-1，并输入如下内容。

表 2-1　上机题 3 样表

姓　名	高 等 数 学	大 学 英 语	计 算 机
王雨晨	88	74	84
师元杰	85	86	90
刘新文	92	87	79
赵弘明	89	94	83

操作要求：打开"成绩表.docx"文件，并进行如下操作。

（1）在"姓名"列左侧插入一列，输入"学号"，依次输入 20230901，20230902，…。

（2）在表格最右侧插入两列，分别输入"总分"和"平均分"，并且计算每位学生三门课程的总分和平均分，其中总分为整数，平均分保留 2 位小数。

（3）在表格最后一行的下方插入一行，并且计算每门课程的平均分，保留 2 位小数。

（4）表格中四位同学按总分由高到低排序。

（5）给表格加"蓝色、1.5 磅的双线外边框"和"蓝色、1.0 磅的单实线内边框"。

（6）合并最后一行左侧的两个单元格，输入"平均分"。

（7）给表格添加标题，标题文字为"学生成绩表"，设置为黑体、四号，居中显示。

实验三

Excel 2016 表格操作

一、实验目的

①掌握 Excel 2016 启动和退出的操作方法。
②掌握工作簿的建立、保存，文件打开和关闭的方法。
③掌握单元格中数据输入及格式化操作。
④掌握 Excel 中公式与函数的使用。
⑤掌握 Excel 中图表的创建和编辑。
⑥掌握 Excel 中对数据进行排序、筛选和分类汇总等的操作。

二、实验准备

（一）知识点回顾

1. 工作簿、工作表、单元格和数据

工作簿指的是新建的一个 Excel 文件，扩展名为 xlsx。

工作表指的是工作簿内的一张多行多列的二维表格，默认的名称为 Sheet1，可对其重命名。一个工作簿内可以建多个工作表。

工作表中包含多个单元格，单元格的命名采用"列号+行号"的形式，如 A2，C5 等。列号用字母标识，行号用数字标识。

数据被输入在单元格内。Excel 单元格中可以接受数值型、文本型和时间日期型数据。对于开头带"0"的数值型数据，要使得首位的 0 不丢失，有两种处理方式：

方法一：在输入时先输入单引号（须在英文输入法状态下），再输入开头带 0 的数字；

方法二：选择该列（如选中 A 列），①通过"开始"选项卡中的"单元格"选项组中单击"格式"下拉三角按钮，在弹出的列表框中选择"设置单元格格式"命令；②在弹出的快捷菜单中选择"设置单元格格式"命令。在打开的"设置单元格格式"对话框中的"数字"选项卡下选择"文本"类型，如图 3-1 所示。

图3-1　"设置单元格格式"对话框

2．数据录入、自动填充与格式化

通过键盘输入数据至某个单元格内，或者通过复制、粘贴将数据填入至某个单元格，也可以先输入部分数据，然后通过"自动填充"完成后续数据的输入。

对单元格内的数据进行格式化操作如同 Word 对文字的编辑处理一样，包含对字体、字号、颜色、对齐方式等的设置。

3．公式与函数的使用

Excel 中输入数据的目的之一是为了后续的运算、排序、筛选等操作。根据已录入的数据，利用公式（出现+、-、*、/等符号）和函数（具有特定含义的符号组合，如求和函数sum）进行运算并得出相应的结果。

将鼠标光标定位于"待求结果"的单元格内，选择"公式"→"插入函数"命令，弹出"插入函数"对话框，在该对话框中"选择函数"部分查找自己想要的函数。如果找不到所需要的函数，可以对"选择类别"进行修改（例如，将"常用函数"改选为"全部"函数），如图 3-2 所示。

4．数据图表化

如果要对运算后的 Excel 数据进行分析对比，采用图表操作使得结果呈现更直观、形象。Excel 中提供了柱形图、折线图、饼图、条形图、面积图、散点图、股价图等 15 类图表类型，每种类型包含若干小类。

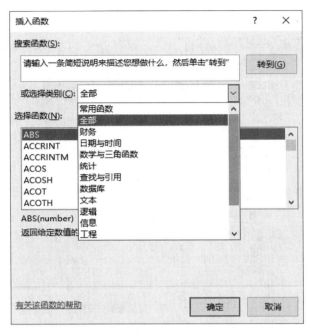

图3-2　"插入函数"对话框

选定被操作的数据对象，选择"插入"→"图表"命令，将弹出"插入图表"对话框，选定"所有图表"选项卡，在对话框的左侧选定满足要求的图表类型，如图 3-3 所示。

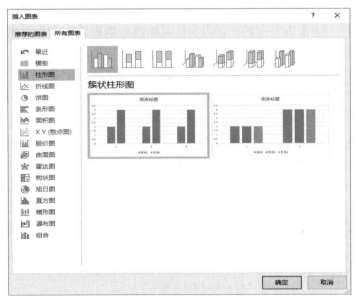

图3-3　"插入图表"对话框

5.数据分析处理：排序、筛选和分类汇总

如果说数据图表化侧重于微观显示，那么排序、筛选和分类汇总则侧重于宏观显示。有时需要对满足一定条件的数据进行抽取并显示，则需要对备选数据进行筛选，Excel 提供自动筛选和高级筛选两种筛选方式。

选定数据区域（多个待操作的数据单元格），选择"开始"→"编辑"选项组中的"排序和筛选"菜单的"筛选"操作，数据表首行的单元格中出现下拉列表，从中选择"升序""降序""数字筛选"等命令可以完成筛选操作，如图 3-4 所示。筛选结果呈现形式为满足条件的数据显示出来，不满足条件的数据隐藏起来。

图3-4　筛选

如果需要将筛选结果复制至其他位置（被筛选数据不隐藏），则需要"高级筛选"命令，操作如下：选定数据区域（待操作的数据），选择"数据"→"排序和筛选"选项组中的"高级"命令，弹出"高级筛选"对话框，对其中的"筛选方式""列表区域""条件区域""复制到"等进行设置，如图 3-5 所示，即可将满足条件的数据筛选出来并复制到指定的数据区域。

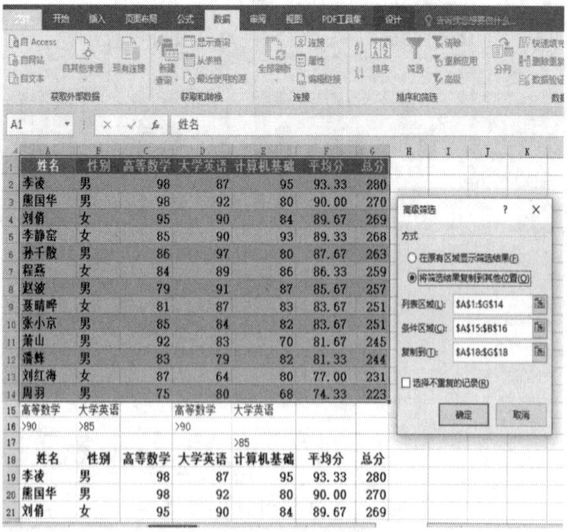

图3-5　高级筛选

筛选操作不能满足对候选数据的汇总分析处理，如果需要对候选数据进行进一步的分类统计、求和汇总等，则需要对候选数据先进行排序操作，以得到较为美观的分类统计结果界面，排序操作如图 3-6 所示。

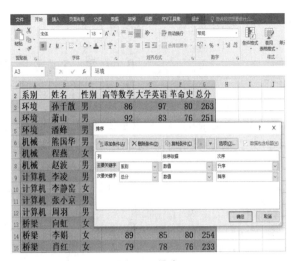

图3-6　排序

在"分类汇总"对话框中，满足"分类字段"与排序操作的"主要关键字"为同一字段将得到条理清晰的结果显示界面，如图 3-7 所示。

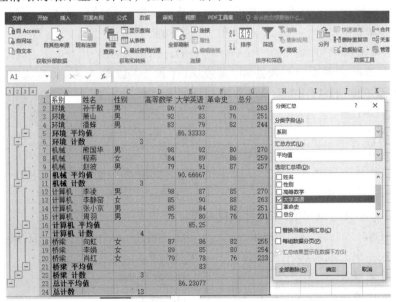

图3-7　分类汇总

（二）知识点巩固

1. 在单元格中输入数字字符串 010081（邮政编码）时，应输入（　　）。

    A. 010081　　　　　B. "010081"　　　　　C. '010081　　　　　D. 010081'

2. 在单元格中输入（　　），使该单元格显示 0.3。

    A. 6/20　　　　　　B. =6/20　　　　　　C. "6/20"　　　　　　D. ="6/20"

3. Excel 中关于图表的叙述中，错误的是（　　）。

    A. 图表可以嵌入在工作表中　　　　　B. 图表可以成为独立的图表工作表

    C. 图表的建立可以不依赖工作表　　　D. 图表是工作表数据的生动反映

4. 用筛选条件"数学>65 与总分>250"对成绩数据表进行筛选后，在筛选结果中都是（　　）。

    A. 数学>65 的记录　　　　　　　　　B. 数学>65 且总分>250 的记录

    C. 总分>250 的记录　　　　　　　　　D. 数学>65 或总分>250 的记录

5. 在 Excel 2016 中建立的文档通常被称为（　　）。

    A. 工作表　　　　B. 单元格　　　　C. 二维表格　　　　D. 工作簿

6. 在 Excel 2016 中，若某公式引用了一组单元格（C3:D7，A2，F1),则该公式引用的单元格总数为（　　）。

    A. 4　　　　　　B. 8　　　　　　C. 12　　　　　　D. 16

7. 在 Excel 中，错误值总是以（　　）开头。

    A. $　　　　　　B. #　　　　　　C. @　　　　　　D. &

8. 在 Excel 中，B2 单元格内容为"张宇"，C2 单元格内容为"97"，要使 D2 单元格内容为"张宇成绩为97"，则 D2 单元格应输入（　　）。

    A. =B2+"成绩为"+C2　　　　　　　　B. =B2&成绩为&C2

    C. =B2*"成绩为"*C2　　　　　　　　D. =B2&"成绩为"&C2

9. 当鼠标指针移到工作表中选定区域的填充柄上时，指针变为（　　）形。

    A. 空心十字　　　　　　　　　　　　B. 黑十字

    C. 空心箭头　　　　　　　　　　　　D. 黑箭头

10. 使用自动填充方法输入数据时，若在 Al 输入 2，A2 输入 4，然后选中 A1:A2 区域，再拖动填充柄至 F2，则 A1:F2 区域内各单元格填充的数据是（　　）。

    A. A1:F1 为 2，A2:F2 为 4　　　　　　B. 全 0

    C. 全 2　　　　　　　　　　　　　　D. 全 4

11. 在 Excel 中，一个完整的函数包括（　　）。

    A. "="和函数名　　　　　　　　　　B. 函数名和变量

    C. "="和变量　　　　　　　　　　　D. "="、函数名和变量等

12. Excel 中单元格地址绝对引用正确的是（　　）。

    A. $D$4　　　　B. $D5　　　　　C. A$5　　　　　D. EB

13. 在 Excel 中，数据排序可以按（　　）来排序。

    A. 时间顺序　　　　　　　　　　　　B. 数值大小

    C. 字母顺序　　　　　　　　　　　　D. 以上均可

14. Excel 进行分类汇总时汇总方式不包括（　　）。

    A. 最大值　　　　B. 平均值　　　　C. 求和　　　　　D. 乘积

15. 在 Excel 的某个单元格中输入=10>20后，此单元格显示的内容为（　　）。

    A. TRUE　　　　B. FALSE　　　　C. 10>20　　　　D. =10>20

16. 高级筛选的条件区域在（　　）。

    A. 数据表的前几行　　　　　　　　　B. 数据表的后几行

    C. 数据表中间某单元　　　　　　　　D. 数据表的前几行或后几行

17. Excel 中，用于计算平均数的函数是（　　）。

    A. SUM　　　　　B. COUNT　　　　C. AVERAGE　　　D. TOTAL

18. 在 Excel 中，要绝对引用工作表 Sheet3 中从 B2 到 C7 区域，应输入的单元格地址是（　　）。

    A. Sheet3!B2:C7   B. Sheet3!$B2:$C7

    C. Sheet3!B$2:C$7   D. Sheet3!$B$2:$C$7

19. Excel 存储数据的基本单位为（　　）。

    A. 工作簿   B. 工作表   C. 报表   D. 数据库

20. 在 Excel 中，在打印学生成绩单时，对不及格的成绩用醒目的方式表示(如用红色表示等)，当要处理大量的学生成绩时，利用（　　）命令最为方便。

    A. 数据筛选   B. 定位   C. 查找   D. 条件格式

三、实验内容

上机题 1：对"成绩单"工作表，见表 3-1，进行操作以达到图 3-8 所示的效果。

表 3-1 "成绩单"工作表

学　　号	姓名	性别	Windows	Word	excel	ppt
116020120116	张丽娜	女	16	17	16	18
116020120319	肖菊	女	13	21	13	21
116020120407	刘升仪	男	14	23	20	30
116020120410	邓海方	男	12	21	14	27
116020140103	武元梦	女	16	18	13	30
116020140107	赵新仪	女	12	23	16	30
116020140110	郭梦凡	女	14	24	16	27
116020140111	方海韵	女	14	24	16	18
116020140112	童安然	男	8	23	12	24
116020140113	张璐	男	16	21	8	30

图3-8 "成绩单"样张

操作要求：

（1）在第 1 列左侧插入"序号"列，并输入数字 01~10。

（2）利用公式计算出"合计"列每个同学的各项成绩之和。

（3）在第 1 行上面插入新行，然后合并 A1 至 I1 单元格，并输入标题"成绩单"。

（4）设置标题字体为"微软雅黑"，字号 18，字体颜色为蓝色，加粗，水平居中。

（5）设置除标题外表格内所有文字字体为"宋体"，字号 11，水平和垂直均居中。

（6）给表格添加外边框，蓝色最细双实线；添加内边框，红色最细单实线。

（7）将工作表重命名为"汇总成绩"，并以"test.xlsx"为名保存该工作簿。

（8）使用 COUNTIF 函数计算出男、女生人数填入 B14、B15 单元格内。

（9）使用 AVERAGEIF 函数计算出男、女生总分平均成绩填入 H14、H15 单元格内。

（10）使用 VLOOKUP 函数查找出序号为 3 的学生的 Word 分数填入 C17 单元格。

上机题 2：对"商品销售统计表"，见表 3-2，进行以下操作以达到图 3-9 所示的效果。

表 3-2　商品销售统计表

公司地区	第 1 季度	第 2 季度	第 3 季度	平均销售额
北部	959	511	399	623
东部	456	387	654	499
南部	778	1123	789	897
西部	648	721	367	579

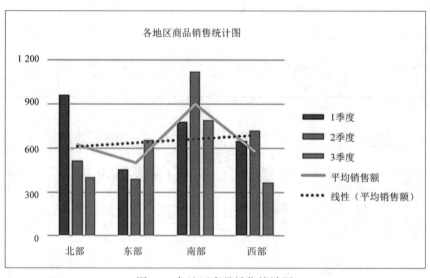

图3-9　各地区商品销售统计图

操作要求：

（1）选取"商品销售统计表"的 Sheet1 工作表中 A1:E5 区域中的数据，建立 1 个"簇状柱形图"。

（2）为图表添加标题"各地区商品销售统计图"（位于图表上方），图例靠右。

（3）使用"切换行/列"，使其"公司地区"为数据图表的水平轴标签。

（4）修改图表纵坐标轴选项，使边界最小值为 0，最大值为 1 200，单位最大值为 300。

（5）更改"平均销售额"数据系列图表类型为"折线图"。

（6）为"平均销售额"数据系列添加"线性趋势线"，要求线条为实线，颜色为红色，线型宽度为 2 磅。

上机题 3：对各地区商品销售统计表，见表 3-3，进行如下操作，并观察操作后的数据变化及效果呈现。

表 3-3　各地区商品销售统计表

季　度	公司地区	商品类别	商品名称	销售数量（台）	销售额（万元）
3	东部	D1	电视	68	30.60
1	南部	D1	电视	67	30.15
3	北部	D1	电视	62	27.90
1	东部	D1	电视	61	27.45
2	东部	D1	电视	55	24.75
1	南部	D2	冰箱	89	20.83
3	南部	D1	电视	46	20.70
2	西部	D1	电视	43	19.35
2	西部	D2	冰箱	67	15.68
2	东部	D2	冰箱	63	14.74
1	西部	K1	空调	85	11.73
3	西部	K1	空调	82	11.32
2	北部	D2	冰箱	47	11.00
2	南部	D2	冰箱	45	10.53
1	西部	D1	电视	23	10.35
1	北部	D2	冰箱	41	9.59
3	东部	D2	冰箱	39	9.13
2	南部	K1	空调	62	8.56
3	北部	K1	空调	53	7.31
2	北部	K1	空调	38	5.24

操作要求：

（1）对表 3-3 中 Sheet2 的数据按主要关键字"季度""升序"和次要关键字"商品类别""降序"排序进行排序。

（2）将排序后的表 3-3 中的数据复制到新工作表（Sheet3）中，然后对其进行筛选（普通筛选），筛选出所有"销售数量"大于 70 台，同时是 1 季度销售的商品信息，并将筛选出来的结果复制到新工作表（Sheet4），然后对表名进行重命名为"筛选 1"。

（3）将排序后的表 3-3 中的数据复制到新工作表（Sheet5）中，然后对其进行高级筛选，筛选出所有"销售数量"大于 70 台，同时销售额大于 20 万的商品信息，并将筛选出来的结果复制到 A26 单元格。

（4）将排序后的表 3-3 中的数据复制到新工作表（Sheet6）中，然后对其进行分类汇总，分类字段为"季度"升序、汇总方式为"求和"、汇总项为"销售数量"和"销售额"。

实验四
PowerPoint 2016 演示文稿的制作

一、实验目的

①掌握 PowerPoint 2016 的启动与退出。
②掌握建立演示文稿的方法。
③掌握幻灯片的编辑操作。
④掌握美化演示文稿的方法。
⑤掌握幻灯片的动态效果设置。
⑥掌握放映演示文稿的方法。

二、实验准备

（一）知识点回顾

1. 占位符

占位符就是一个编辑框，在 PowerPoint 幻灯片中表现为一个虚框，虚框内部往往有"单击此处添加标题"之类的提示语，一旦单击之后，提示语会自动消失。当要创建自己的模板时，占位符就显得非常重要，它能起到规划幻灯片结构的作用。

2. 自定义动画

PowerPoint 中可以对占位符、表格、图片等对象设置"动画"效果，如图 4-1 所示。

3. 幻灯片切换

如果需要以整页为对象设置动态效果，则需要设置"幻灯片切换"，如图 4-2 所示。

图4-1　自定义动画

4. 版式设计

如果想要让 PowerPoint 幻灯片具有一致的外观，则有以下操作可以实现：

（1）幻灯片母版：幻灯片母版是定义演示文稿中所有幻灯片或页面格式的幻灯片视图

或页面。母版中包含可出现在每一张幻灯片上的显示元素，如文本占位符、图片、动作按钮等，如图 4-3 所示。

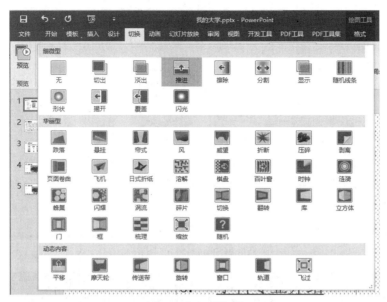

图4-2　幻灯片切换

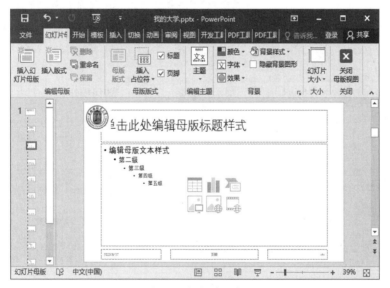

图 4-3　幻灯片母版

（2）主题：PowerPoint 的主题是由颜色、字体、效果、背景样式综合起来形成的幻灯片整体显示风格。通过 PowerPoint 主题，可以快速为多张幻灯片添加统一的设计风格。如果需要对多张幻灯片颜色、字体、效果、背景样式同步进行修改，可以通过更换 PowerPoint 主题快速实现，如图 4-4 所示。

（3）版式：幻灯片版式包含幻灯片上显示的所有内容的格式、位置和占位符框。幻灯片版式还包含颜色、字体、效果和背景主题，如图 4-5 所示。

图4-4　PowerPoint主题

图4-5　PowerPoint版式

（4）设置背景格式：更换背景是提升 PowerPoint 视觉效果的关键步骤。要更换 PowerPoint 背景，首先需要选择合适的背景图片或颜色，然后通过 PowerPoint 的"设计"选项卡中的"设置背景格式"进行设置，如图 4-6 所示，最后根据需要对背景效果进行调整。掌握这些步骤，就能轻松为 PPT 换上新装，让演示文稿更加引人注目。

5. 超链接

PowerPoint 提供了功能强大的超链接功能，使用超链接可以在幻灯片与幻灯片之间、幻灯片与其他外界文件或程序之间以及幻灯片与网络之间自由地转换。常见的超链接有文本链接和动作按钮链接，如图 4-7 和图 4-8 所示。

图4-6　PowerPoint背景格式

图4-7　文本超链接

图4-8　动作按钮设置

（二）知识点巩固

1. PowerPoint 演示文稿的扩展名是（　　）。

    A. docx　　　　　　B. xlsx　　　　　　C. pot　　　　　　D. pptx

2. 在 PowerPoint 中，对幻灯片的重新排序、幻灯片间定时和过渡、加入和删除幻灯片以及整体构思幻灯片都特别有用的视图是（　　）。

    A. 幻灯片视图　　　　　　　　　　B. 大纲视图

    C. 幻灯片浏览视图　　　　　　　　D. 普通视图

3. 在 PowerPoint 演示文稿中只播放几张不连续的幻灯片，应在（　　）中设置。

    A. 在"幻灯片放映"中的"设置幻灯片放映"

    B. 在"幻灯片放映"中的"自定义幻灯片放映"

    C. 在"幻灯片放映"中的"广播幻灯片"

    D. 在"幻灯片放映"中的"录制幻灯片演示"

4. 在 PowerPoint 的（　　）中，用户可以看到画面变成上下两半，上面是幻灯片，下面是文本框，可以记录演讲者讲演时所需的一些提示重点。

    A. 浏览视图　　　B. 备注页视图　　　C. 黑白视图　　　D. 幻灯片放映视图

5. 在 PowerPoint 演示文稿中，要选定多个图形时，须先按住（　　）键，然后用鼠标单击要选定的图形对象。

    A. Alt　　　　　　B. Home　　　　　　C. Tab　　　　　　D. Ctrl

6. 在 PowerPoint 的空白幻灯片中不可以直接插入（　　）。

    A. 艺术字　　　　　B. 文字　　　　　C. 文本框　　　　　D. Word 表格

7. 下列（　　）可以作为 PowerPoint 幻灯片的背景。

    A. 纹理　　　　　　B. 图片　　　　　C. 图案　　　　　D. 以上都可以

8. 在 PowerPoint 中，不能控制幻灯片外观的是（　　）。

    A. 配色方案　　　B. 母版　　　　　C. 模板　　　　　D. 大纲

9. 下面对 PowerPoint 幻灯片的打印描述中，正确的是（　　）。

    A. 须从第一张幻灯片开始打印

    B. 必须打印所有幻灯片

    C. 不仅可以打印幻灯片，还可以打印讲义和大纲

    D. 幻灯片只能打印在纸上

10. 建立了超级链接的文字将变成（　　）。

    A. 灰暗的　　　　　　　　　　　　B. 黑体的

    C. 彩色带下划线的　　　　　　　　D. 凸出的

11. PowerPoint 中占位符指的是（　　）。

    A. 一些特殊的符号

    B. 空格键

    C. 按回车键时产生的

    D. 新幻灯片中类似"单击此处添加标题"之类的文字框

12. 打印演示文稿时，每页打印纸上最多能输出（　　）张幻灯片讲义。

    A. 2　　　　　　　B. 4　　　　　　　C. 6　　　　　　　D. 9

13. PowerPoint 中的超级链接只有在（　　）视图中才能激活。

  A. 幻灯片   B. 幻灯片放映   C. 幻灯片浏览   D. 大纲

14. 以下（　　）方法不可以使 PowerPoint 幻灯片具有一致的外观。

  A. 母版   B. 配色方案   C. 应用设计模板   D. 设置放映方式

三、实验内容

上机题：以"我的大学"为主题，设计并制作一个 PowerPoint 演示文档，介绍景德镇陶瓷大学，含学校简介、校园文化（含校训、校徽、校旗及其含义）、校园风光（含标志性建筑）、校歌传唱、学科专业（选取理工类、艺术类、文科类各 1 个）、社团活动等方面，如图 4-9 所示。

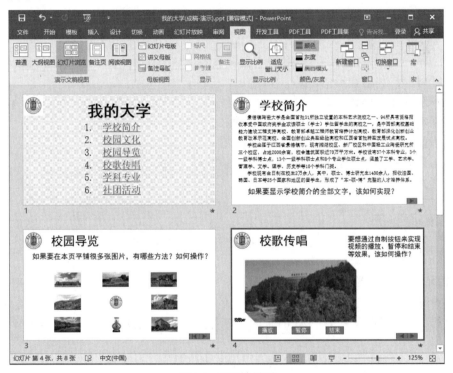

图4-9　PPT效果图

操作要求：

（1）篇幅不少于 15 张幻灯片，建议分版块介绍，每个版块分 2~3 页设计。

（2）首页注明 PPT 的主题、作者姓名及专业班级名称；第 2 张 PPT 作为目录页，通过"超链接"能跳转到相应版块。

（3）文档素材丰富多样：含文字、图片、音频、视频，素材从学校官网 https://www.jcu.edu.cn/获取。

（4）内含动态效果：超链接、幻灯片切换、自定义动画、滚动字幕等效果。

（5）PPT 的版式和背景格式自行选定和设置，适当运用幻灯片母版进行布局。

（6）制作好的 PPT 文档连同素材放在同一文件夹中，命名格式为"学号+姓名"，将该文件夹压缩后上交。

实验五

熟悉 Python 语言开发环境

一、实验目的

①了解解释器和编译器的区别。
②理解解释器和编辑器的区别。
③熟练掌握 Python 解释器安装与基本用法。
④熟练掌握使用 pip 命令安装 Python 扩展库。
⑤熟练掌握 Pycharm 的安装。
⑥理解并掌握 Python 程序的一般格式。

二、实验准备

（一）知识点回顾

1. 解释器和编译器

程序设计语言包括机器语言、汇编语言和高级语言三大类，高级语言不能直接被机器所理解执行，所以都需要一个翻译的阶段，解释型语言用到的是解释器，编译型语言用到的是编译器。

编译型语言需要编译器处理，主要工作流程如下：

源代码（source code）→预处理器（preprocessor）→编译器（compiler）→目标代码（object code）→链接器（linker）→可执行程序（executable program）。

在这个工作流程中，编译器调用预处理器进行相关处理，将源代码进行优化转换（包括清除注释、宏定义、包含文件和条件编译），然后通过将经过预处理的源代码编译成目标代码（二进制机器语言），再通过调用链接器外加库文件（如操作系统提供的 API），从而形成可执行程序，让机器能够执行。

解释器的工作流程：源代码（source code）→解释器（interpreter）。

在程序执行时，解释器读取一句源代码之后，先进行词法分析和语法分析，再将源代码转换为解释器能够执行的中间代码（字节码），最后，由解释器将中间代码解释为可执行的机器指令。

编译型语言的可执行程序产生的是直接执行机器指令，而解释型语言的每一句源代码都要经过解释器解释为可以执行的机器指令，相比之下解释型语言的执行效率会低一些。但是，解释型语言在不同的平台有不同的解释器，源代码跨平台的目的实现了，开发人员不用再考虑每个平台如何去编译，只需要关注代码的编写，编写完的代码在任何平台都能无须修改（或少量修改）就能正确执行。

Python 语言是解释型语言，在程序运行时，先将源代码完整地进行转换，编译成更有效率的字节码，保存成后缀为 ".py" 的字节码文件，然后，翻译器再通过这个文件一句一句地翻译为机器语言去执行。

2. 解释器和编辑器

Python 的解释器是将 Python 源码高级语言解析为二进制机器语言的工具，通常说安装 Python 就是指安装 Python 的解释器。

编辑器只提供一个编写的平台，诸如编辑文档需要用 Word，处理数据需要用 Excel，做演示文稿需要用 PowerPoint，修图需要用 Photoshop。

Python 有众多的编辑器，诸如安装 Python 解释器时自带的 IDLE，也有 PyCharm、Spyder、WingIDE 等主要针对 Python 代码编辑的编辑器，还有很多可以支持各种编程语言的编辑器，诸如 VSCode、Vim 和 Sublime 等。

（二）知识点巩固

1. 你所知道的解释型和编译型计算机编程语言有哪些？
2. 你了解的 Python 语言的编辑器有哪些？它们有哪些优缺点？

三、实验内容

上机题 1：Python 解释器的安装。

操作步骤：

（1）打开 Python 官方网站，鼠标指向 Downlods 菜单即会弹出图 5-1 所示的对话框，单击 Python 3.11.S 按钮，即可下载 Python 最新版本。

图5-1　Python安装程序下载对话框

（2）双击 Python 安装程序，安装 Python 解释器，安装过程详见教材。

（3）编写输出 "Hello, world!" 程序，测试 Python 的 IDLE Shell 是否运行正常。在 "开始" 菜单中找到成功安装的 IDLE，输入下面的代码，确保 IDLE 运行正常，如图 5-2 所示。

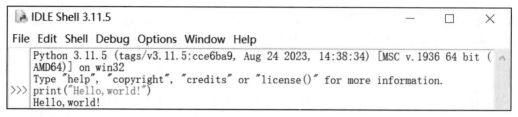

图5-2　在IDLE中输出"Hello，world！"

上机题 2：用 pip 命令安装 Python 扩展库 numpy、datetime、pandas、scipy、matplotlib、jieba、openpyxl、pillow。

操作步骤：

（1）在资源管理器中进入 Python 安装目录的 scripts 子目录，然后按住【Shift】键，在空白处右击，在弹出的快捷菜单中选择"在此处打开 Powershell 窗口"命令，进入命令提示符环境，如图 5-3 所示。

图5-3　Windows Powershell窗口

（2）输入命令"pip install datetime"，在线安装扩展库 datetime，同样的方法可以安装其他扩展库，安装窗口如图 5-4 所示。

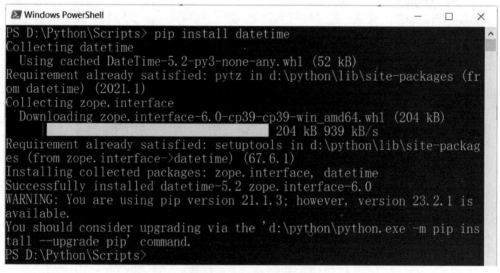

图5-4　pip命令安装扩展库

（3）如果遇到安装不成功的扩展库，可以使用浏览器输入网址 https://www.lfd.uci.edu/~gohlke/pythonlibs/下载 whl 文件进行离线安装。

（4）在 IDLE 中使用 import 导入安装好的扩展库，验证是否安装成功。安装好 datetime 库后，测试输出当前日期和时间，如图 5-5 所示。

```
IDLE Shell 3.11.5                                    —    □    ×
File  Edit  Shell  Debug  Options  Window  Help
   Python 3.11.5 (tags/v3.11.5:cce6ba9, Aug 24 2023, 14:38:34) [MSC v.1936 64 bit (
   AMD64)] on win32
   Type "help", "copyright", "credits" or "license()" for more information.
>>> from datetime import datetime
>>> now=datetime.now()
>>> print(now)
   2023-09-23 23:43:47.455975
>>>
```

图5-5 扩展库的测试

上机题 3：编辑器 PyCharm 的安装。

操作步骤：

（1）PyCharm 是由 JetBrains 公司打造的一款 Python IDE（integrated development environment，集成开发环境），带有一整套可以帮助用户在使用 Python 语言开发时提高其效率的工具。PyCharm 是 Python 专业开发人员和刚起步人员使用的开发环境工具。进入网站 https://www.jetbrains.com/pycharm/，单击 Download 按钮，下载安装 PyCharm 安装程序。

（2）根据教材中的操作提示，安装 PyCharm。

（3）安装完毕后，启动 PyCharm，新建 Python 项目，编写输出"Hello，world!"程序，测试 PyCharm 是否运行正常。

实验六

简单 Python 程序

一、实验目的

①理解并掌握 Python 程序的书写规则。

②掌握 Python 赋值语句。

③掌握 input() 函数用法。

④掌握 print() 函数用法。

⑤了解格式化输出。

⑥了解 eval() 函数的使用。

二、实验准备

（一）知识点回顾

1. Python 程序书写规则

1）编码

所有的 Python 脚本文件都应在文件头标上# -*- coding:utf-8 -*-。设置编辑器，默认保存为 utf-8 格式。

2）语句

通常每个语句应该独占一行，不过，如果测试结果与测试语句在一行放得下，也可以将它们放在同一行，但如果是 if 语句，则只能在没有 else 时才能这样做。绝不要对 try...except 语句这样做，因为 try 和 except 不能放在同一行。

3）行长度

一般每行不要超过 80 个字符，这在 PyCharm 和 Spyder 工具里面都是有提示的，原因是过长不易阅读，并且建议不要使用反斜杠连接行。如果确有需要，可以在表达式外围增加一对额外的圆括号。

4）括号

不可滥用括号，除非是用于实现行连接，否则不要在返回语句或条件语句中使用括号，不过在元组两边使用括号是可以的。

5）缩进

用 4 个空格来缩进代码，建议不要按【Tab】键，也不要【Tab】键和空格键混用。对于行连接的情况，应该要么垂直对齐换行的元素，要么使用 4 个空格的悬挂式缩进（这时第一行不应该有参数）。

6）空行

顶级定义之间空两行，如函数或者类定义、方法定义；类定义与第一个方法之间都应该空一行。函数或方法中，某些地方要是觉得合适，就空一行。

7）空格

按照标准的排版规范来使用标点两边的空格。括号内不要有空格，如［1］，不能写成［ 1 ］，不要在逗号、分号、冒号前面加空格，但应该在它们后面加（除了在行尾）；参数列表、索引或切片的左括号前不应加空格；在二元操作符两边都加上一个空格，如赋值（=）、比较（==、<、>、!=、<>、<=、>=、in、not in、is、is not）、布尔（and、or、not）；当"="用于指示关键字参数或默认参数值时，不要在其两侧使用空格；不要用空格来垂直对齐多行间的标记，因为这会成为维护的负担。

8）注释

注释分为块注释和行注释。一般最需要写注释的是代码中那些技巧性的部分。为了便于阅读或者防止忘记当时写这段代码的用意，应该当时就给它写注释。对于复杂的操作，应该在其操作开始前写上若干行注释。对于不是一目了然的代码，应在其行尾添加注释。为了提高可读性，注释应该至少离开代码两个空格。块注释一般采用三重双引号的文档字符串的形式进行。

9）导入格式

每个导入应该独占一行，如 import os 和 sys 就不可以，应该让每个库使用一行 import 命令。另外，导入总应该放在文件顶部，位于模块注释和文档字符串之后，模块全局变量和常量之前。导入应该按照从最通用到最不通用的顺序分组：

①标准库导入；

②第三方库导入；

③应用程序指定导入。

导入的分组中，应该根据每个模块的完整包路径按字典序排序，忽略大小写。例如，下段代码就非常整齐。

```
import foo
from foo import bar
from foo. bar import baz
from foo. bar import Quux
from Foo import bar
```

10）命名

Python 中应该避免的名称如单字母名称（除了计数器和迭代器）、包/模块名中的连字符（-）以及双下划线开头并结尾的名称（因为多为 Python 保留，如__init__）。在命名时应尽量遵守下述约定。

（1）内部（internal）表示仅模块内可用，或者在类内是保护或私有的。

（2）用单下划线"_"开头表示模块变量或函数是 protected 的（使用 import * from 时

不会包含）。

（3）用双下划线"__"开头的实例变量或方法表示类内私有。

（4）将相关的类和顶级函数放在同一个模块里。不像 Java，没必要限制一个类一个模块。

（5）对类名使用大写字母开头的单词（如 CapWords，即 Pascal 风格），但是模块名应该用小写加下划线"_"的方式（如 lower_with_under. py）。尽管已经有很多现存的模块使用类似于 CapWords. py 这样的命名，但现在已经不鼓励这样做，因为如果模块名碰巧和类名一致，这会让人困扰。

（6）尽量单独使用小写字母"l"、大写字母"O"等容易混淆的字母。

（7）模块命名尽量短小，使用全部小写的方式，可以使用下划线。

（8）函数命名使用全部小写的方式，可以使用下划线。

（9）常量命名使用全部大写的方式，可以使用下划线。

2. 赋值语句

Python 的变量在使用前不需要先定义，对一个变量赋值后，即完成了对该变量的定义，变量的类型由其值的类型决定。只要对变量重新赋值，就可以实现变量值或变量数据类型的修改，赋值语句如图 6-1 所示。

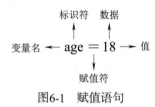

图6-1　赋值语句

赋值语句的一般形式如下：

```
变量名 = <表达式>
```

功能：将右侧的表达式值赋值给左侧变量。

在程序中，变量通常用来保留用户输入的数据或运算的结果，变量通过变量名来访问。

Python 语言允许采用大写字母、小写字母、数字、下划线（_）和汉字等字符及其组合给变量命名，但名字的首字符不能是数字，中间不能出现空格，长度没有限制。

Python 还可以在一条语句中为多个变量赋值，一般形式如下：

```
变量名1,变量名2,…,变量名N = 表达式1,表达式2,…,表达式N
```

3. input()函数

input()是 Python 的内置函数，用于从控制台读取用户输入的内容。input()函数的用法为

```
str = input(prompt)
```

功能：系统显示提示性文字，等待用户输入。用户输入后，返回用户输入的信息。

说明：

● str 表示一个字符串类型的变量，input()函数会将读取到的字符串放入 str 中。

● prompt 表示提示信息，它会显示在控制台上，告诉用户应该输入什么样的内容；如果不写 prompt，就不会有任何提示信息。

● input()函数总是以字符串的形式来处理用户输入的内容，所以用户输入的内容可以包含任何字符。

4. print()函数

print()函数可以输出格式化的数据，print()函数的基本语法格式如下：

```
print([value1, value2,…],[sep=' '] ,[end='\n'],[ file=sys. stdout])#此处只说
明了部分参数
```

上述参数的含义如下：

- value 是用户要输出的信息，后面的省略号表示可以有多个要输出的信息。
- sep 用于设置多个要输出信息之间的分隔符，其默认的分隔符为一个空格。
- end 是一个 print()函数中所有要输出信息之后添加的符号，默认值为换行符。
- file 可指定输出到特定文件夹，默认是输出到显示器（标准输出）。

5. eval()函数

语法格式如下：

```
eval(字符型表达式)
```

eval 括号里面必须是一个字符型表达式。该函数返回该字符型表达式去除两边的双引号后的值。

（二）知识点巩固

1. 以下选项中不可用作 Python 标识符的是（　　　）。

    A. 3name   B. name3   C. _name   D. name

2. Python 单行注释使用的符号是（　　　）。

    A. ( )   B. " "   C. ,   D. #

3. 关于 Python 语言的注释，以下选项中描述错误的是（　　　）。

    A. Python 语言的单行注释以#开头

    B. Python 语言的多行注释以'''（三个单引号）开头和结尾

    C. Python 语言的注释语句在程序运行时不会被执行

    D. Python 语言不能在一行代码的后面写#和注释文字

4. Python 语言语句块的标记是（　　　）。

    A. 分号   B. 逗号   C. 缩进   D. /

5. 以下 Python 注释代码，不正确的是（　　　）。

    A. #Python 注释代码

    B. #Python 注释代码 1 #Python 注释代码 2

    C. """Python 文档注释"""

    D. //Python 注释代码

6. 为了给整型变量 x、y、z 赋初值 10，下面正确的 Python 赋值语句是（　　　）。

    A. xyz=10

    B. x=10 y=10 z=10

    C. x=y=z=10

    D. x=10,y=10,z=10

7. 在 Python 中正确的赋值语句是（　　　）。

    A. x+y=10   B. x=2y

    C. x=y=30   D. 3y=x+1

8. 关于 input 语句，下列说法正确的是（　　）。

    A. 在执行 x=input("请输入一个整数")语句时，若用户输入 5，变量 x 的值为字符串"5"

    B. 在执行 x=input("请输入一个整数")语句前，变量 x 必须赋值

    C. input()语句的括号里面必须有一个字符串，不能为空

    D. input 语句只能在程序中运行，不能在交互式窗口执行

9. 给出如下代码，输出结果为（　　）。

```
x=5
print(x==x+1)
```

    A. x= 5   B. x= 6   C. True   D. False

10. 在 Python 中，语句 print(a,b)的意思是（　　）。

    A. 打印 a,b   B. 输出(a,b)

    C. 输出 a,b   D. 输出 a,b 的值

11. 如果要使变量 b 存储整数 5，下列赋值语句正确的是（　　）。

    A. b='5'   B. b="5"   C. 5=b   D. b=5

12. 在 Python 中常用的输入输出语句分别是（　　）。

    A. input()，output()   B. input()，print()

    C. input()，printf()   D. scandf()，printf()

13. 给出如下代码，输出结果为（　　）。

```
>>> x=5
>>> print('x=',x+3)
```

    A. x= 8   B. 5= 8   C. x= 5   D. 8= 8

14. 执行下列语句后的显示结果是（　　）。

```
>>> world="world"
>>> print("hello"+world)
```

    A. helloworld   B. "hello"world

    C. hello world   D. 语法错误语句

15. 关于 eval 函数，以下选项中描述错误的是（　　）。

    A. 如果用户希望输入一个数字，并用程序对这个数字进行计算，可以采用 eval(input(<输入提示字符串>))组合

    B. 执行 eval("Hello")和执行 eval("'Hello'")得到相同的结果

    C. eval("3+5")的结果为 8

    D. eval 的括号里面必须是一个字符型的数据

16. print(1,2,3, sep='*')的输出结果为_____。

17. 语句 eval('1+2')的输出结果为_____。

18. Python 中如果语句太长，可以使用_____作为续行符。

19. Python 中在一行书写两条语句时，语句之间可以使用_____作为分隔符。

三、实验内容

上机题 1：输入以下程序代码并运行，分析程序运行结果。

```
#6.1 用斜杠（\）将一行的语句分为多行显示
>>> total=1+\
    2+\
    3


#6.2 Python注释
# -*- coding: UTF-8 -*-
# 文件名: 6-2.py

# 第一个注释
print("Hello, World!") # 第二个注释
'''
这是多行注释, 用3个单引号
这是多行注释, 用3个单引号
这是多行注释, 用3个单引号
'''
print("这是Python语言的注释")
"""
这是多行注释, 用3个双引号
这是多行注释, 用3个双引号
这是多行注释, 用3个双引号
"""
print("这是Python语言的注释")


#6.3 猜猜我是谁
print("猜猜我是谁?")
input("请输入你猜的名字: ")
print("恭喜你, 答对了!")


#6.4 Python缩进
if True:
    print("牧童骑黄牛")
    print("歌声振林樾") # 严格执行缩进
else:
    print("意欲捕鸣蝉")
    print("忽然闭口立")


#6.5 将数行表达式写成一行
x=10; y=20; z=30
print(x)
print(y)
print(z)
```

```
#6.6 陶大校训
xxun=input("请输入景德镇陶瓷大学校训: ")
print("陶大校训是: ",xxun)


#6.7 陶大校歌
print("学以致用","建设国家")  #输出测试的内容
print("学以致用","建设国家",sep='*')  # 将默认分隔符修改为'*'
print("学以致用","建设国家",end='>')  # 将默认的结束符修改为'>'
print("学以致用","建设国家")  #再次输出测试的内容


#6.8 计算正方形的周长和面积
c=input('请输入边长')
circle=4*eval(c)
area = eval(c) * eval(c)
print('正方形的周长是',circle)
print('正方形的面积是',area)


#6.9 益智游戏
print('''
***********************

     益智游戏
*********************
''')
username=input('输入参与游戏者用户名:')
passWord=input('输入密码: ')
print('%s请充值才能加入游戏!' % username)
coins=input('请充值:')
coins=eval(coins)
print('%s充值成功! 当前游戏币是%d' %(username,coins))
print('{}充值成功! 当前游戏币是:{}'. format(username,coins))


#6.10 四则运算
a=eval(input())
b=eval (input())
print("{}+{}={}".format(a,b,(a+b)))
print("{}-{}={}".format(a,b,(a-b)))
print("{}*{}={}".format(a,b,(a*b)))
print("{}/{}={:.6f}"format(a,b,(a/b)))


#6.11 世界那么大，我想去看看
name=input("请输入一个人的名字: ")
```

```
country=input("请输入一个国家的名字: ")
print("世界那么大, {}想去{}看看。". format(name,country))


#6.12 温度转换
Tempstr=input("请输入需要转换的温度值:")
if Tempstr[-1] in ['F','f']:
    C=(eval(Tempstr[0:-1])-32)/1. 8
    print("转换后的温度值为 {:. 2f}C". format(C))
elif Tempstr[-1] in ['C','c']:
    F=1. 8*eval(Tempstr[0:-1])+32
    print("转换后的温度值为{:. 2f}F". format(F))
else:
    print("输出温度符号错误")


#6.13 汇率转换
hl=input("请输入汇率")
hb=input("请输入带有符号的货币")
if hb[0]=="$":
    m=eval(hl)*eval(hb[1:])
    print("人民币￥{:. 2f}".format(m))
elif hb[0]=="￥":
    m=eval(hb[1:])/eval(hl)
    print("美元${:. 2f}".format(m))
else:
    print("格式错误")
```

上机题 2：编写程序，打印出如下格式所示的内容。

【提示】使用 print()函数；使用三引号标识字符串；长字符串中的换行、空格、缩进等空白符都会原样输出。

```
~~~
*********************
    欢迎学习Python
*********************
```

上机题 3：写一个程序打印：大家好，我是×××。

要求：使用 input()函数输入自己的名字×××，姓名必须定义为变量再输出。

上机题 4：请通过 3 个 input()语句分别提示输入你的姓名、性别和年龄，并把输入的姓名赋值给变量 name，性别赋值给变量 sex，年龄赋值给变量 age。然后通过一个 print()语句打印结果：

```
我的名字是×××，我的性别是×，我今年××岁。
```

【提示】字符串的格式化输出可以用 format 方法。例如：

```
print("我的名字是{}, 我的性别是{}, 我今年{}岁。". format(name,sex,age)
```

上机题 5：编写程序，输入半径，计算圆的周长和面积。

【提示】Python 中乘法运算符是*。

上机题 6：输入以下程序代码并运行，分析程序运行结果。

```
print('*' * 100)
print('hello' * 5)
```

上机题 7：使用 input()函数和 print()函数编写程序实现以下功能：

```
***********************
    欢迎来到king's荣耀
***********************
请输入角色: a
请输入拥有的装备: b
请输入想购买装备: c
请输入付款金额: d
#a, b, c, d为键盘输入
```

屏幕输出内容为

```
a拥有b和c装备，其中购买c花了d钱。
```

上机题 8：使用 input()函数和 print()函数编写程序实现以下功能：

```
***********************
    2024新年快乐
***********************
请输入送祝福的人: a
请输入收到祝福的人: b
```

屏幕输出内容为

```
a给b送来了新年祝福，
祝愿您身体健康，学业顺利！
```

实验七

Python 基础语法

一、实验目的

①掌握 Python 语言中数据的表达方式。
②掌握 Python 语言中常用运算符的使用。
③掌握 Python 语言中表达式的连接运算。
④了解字符串的表示方式。
⑤掌握常用的字符串处理函数和方法。
⑥掌握字符串类型的格式化操作方法。

二、实验准备

（一）知识点回顾

1. 标识符定义

标识符就是变量、函数、属性、类、模块等可以由程序员指定名称的代码元素。

2. Python 中标识符的命名规则

- 区分大小写：Myname 与 myname 是两个不同的标识符。
- 首字符可以是下划线（_）或字母，但不能是数字。
- 除首字符外的其他字符必须是下划线、字母和数字。
- 关键字不能作为标识符。
- 不要使用 Python 的内置函数作为自己的标识符。

3. 变量

在 Python 中为一个变量赋值的同时就声明了该变量，该变量的数据类型就是赋值数据所属的类型，该变量还可以接收其他类型的数据。

4. Python 中的数字类型

Python 中的数字类型有四种：整数类型、浮点类型、复数类型和布尔类型。需要注意的是，布尔类型也是数字类型，它事实上是整数类型中的一种。

5. 数字类型的相互转换

在 Python 的数字类型中，除复数外，其他三种数字类型如整数、浮点和布尔都可以相互转换，分为隐式类型的转换和显式类型的转换。

隐式转换如：a=1+True a=1.0+1；

显式转换如：int(0.6) float(6)。

6. 常用运算符

（1）算术运算符用于组织整数类型和浮点类型的数据，有一元运算符和二元运算符之分。一元算术运算符有两个：+（正号）和−（负号），例如，+a 还是 a，−a 是对 a 的取反运算。二元算术运算符有：+、−、*、/、%、**、//（如 a//b 表示求小于 a 与 b 的商的最大整数）。

（2）比较运算符用于比较两个表达式的大小，其结果是布尔类型的数据，即 True 或 False。比较运算符有：==、!=、>、<、>=、<=。

（3）逻辑运算符用于对布尔型变量进行运算，其结果也是布尔型。逻辑运算符有 not、and、or，注意逻辑运算符的"短路"现象，如图 7-1 和图 7-2 所示。

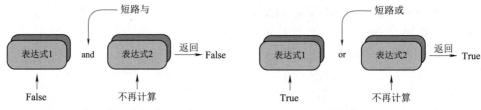

图7-1 与操作的"短路"现象　　　　图7-2 或操作的"短路"现象

7. 各运算符优先级

各运算符的优先级关系见表 7-1。

表 7-1 各运算符优先级

优　先　级	运　算　符	说　　明
1	( )	小括号
2	**	幂
3	~	位反
4	+,−	正负号
5	*,/,%,//	乘、除、取余、取整除
6	+,−	加、减
7	<<,>>	位移
8	&	位与
9	^	位异或
10	|	位或
11	<, <=, >, >=, <>, !=, ==	比较
12	not	逻辑非
13	and, or	逻辑与、逻辑或
14	=	赋值运算符

8. 字符串定义

字符串是字符的序列表示，根据字符串的内容多少分为单行字符串和多行字符串。单行字符串是用双引号" "或者单引号' '括起来的一个或多个字符。多行字符串用一对三单引号''' '''或一对三双引号分界""" """。

9. 字符串索引

字符串中的元素都是有序的，每一个元素都带有序号，这个序号叫作索引。索引有正值索引和负值索引之分。字符串最左端位置标记为 0，依次增加。同时允许使用负数从字符串右边末尾向左边进行反向索引，最右侧索引值是–1。

10. 下标运算符

下标运算符是跟在容器数据后的一对中括号（[]），中括号带有参数，对于字符串类型的数据，这个参数就是元素的索引序号。

如：a='hello'，a[0]得到字符'h'。

11. 字符串加和乘操作

加（+）和乘（*）运算符也可以用于序列中的元素操作。加（+）运算符可以将两个序列连接起来，乘（*）运算符可以将两个序列重复多次。

如：a='hello'，a[0]得到字符'h'。

12. 字符串加和乘操作

加（+）和乘（*）运算符也可以用于序列中的元素操作。加（+）运算符可以将两个序列连接起来，乘（*）运算符可以将两个序列重复多次。

如：a='hello'，a*2 得到'hellohello'；b='world'，则 a+b 得到'helloworld'。

13. 字符串切片操作

切片运算符的语法形式为[start：end：step]。其中，start 是开始索引，end 是结束索引，step 是步长可省略（切片时获取的元素的间隔，可以为正整数，也可以为负整数，默认值为 1）。切得的子序列元素从索引 start 开始直到索引 end 结束，但不包括 end 位置上的元素。

如：a='abcde'，a[::-1]得到'edcba'。

14. 字符串成员测试

成员测试运算符有两个：in 和 not in，in 用于测试是否包含某一个元素。

如：a='abcde'，'a' in a 得到 True。

（二）知识点巩固

1. 下列为 Python 的合法标识符的是（　　　）。（多选）

    A. 2variable　　　　B. variable2　　　　C. _whatavariable　　　D. _3_

    E. $anothervar　　　　F. 体重

2. 下列不是 Python 关键字的是（　　　）。

    A. if　　　　　　B. break　　　　　C. goto　　　　　D. while

3. 在 Python 中，标识符必须以_____开头，且区分_____，因此 Abc、abc 和 ABC 是不同的标识符；另外，Python 中所有的标点符号都必须是_____（英文/中文）标点符号，除了字符串本身含有的标点符号可以是_____（英文/中文）标点符号。

4. 在 Python 中，有些特殊的标识符被用作特殊的用途，程序员在命名标识符时，不能与这些标识符同名，这类标识符称为_____。

5. 在 Python 中，除了形如"x=8"这种赋值外，还有形如_____赋值和_____赋值。其中_____赋值可以实现为多个变量同时赋相同的值，_____赋值可以实现两个变量交换值。

6. Python 有_____、_____和_____三种基本的数值类型。

7. Python 提供了一些内置的常用数学函数，如_____函数可以求和，_____可以求绝对值，_____可以求最小值，_____以进行四舍五入运算。

8. 在 Python 中，可以使用一对_____或一对_____或一对_____来界定字符表示成字符串。

9. 字符串是一个字符序列，其值_____（可变/不可变）。在 Python 中，有两种序号体系可以表示字符串中字符元素的位置序号；一是正向序号体系，索引顺序从左向右，索引从_____开始,依次_____;二是反向序号体系,索引顺序从右向左,索引号从_____开始，依次_____。

10. 设有变量 s='Pyhon'，则"{0: 3}". format(s)表达式的输出结果是（   ）。

    A. 'hon'　　　　　　　　　　　　B. 'Pyhon'

    C. 'PYTHON'　　　　　　　　　　D. 'PYT'

11. 设有变量赋值 s="Hello World"，则以下选项中可以输出"World"子字符串的是（   ）。

    A. print(s[-5:-1])　　　　　　　　B. print(s[-5:0])

    C. print(s[-4:-1])　　　　　　　　D. print(s[-5:])

12. 在以下选项中可以倒置"World"字符串的是（   ）。

    A. "World" [::-1]　　　　　　　　B. "World" [::]

    C. "World" [0::-1]　　　　　　　　D. "World" [-1::-1]

13. 将数字字符构成的字符串转换为数字类型，可以使用_____和_____函数实现。

14. 若想进行字符串替换，则可以使用_____方法替换匹配的子串，返回值是替换之后的字符串。

15. 格式化控制符位于占位符索引或占位符名字的后面，之间用_____分隔，语法：{_____: 格式控制符}。

16. Python 有三种基本的字符串运算符，它们是"+"、"*"和"in"。'hello'*3 结果是_____, 'hello'+'hello'结果是_____, 若 a='abcde', 'ab' not in a 得到_____。

17. 将字符串中全部字母转换为大写字母的字符串方法是_____, _____方法可以将字符串按某种标准分割成若干个子串，并生成一个由这些字符构成的列表。

18. Python 提供了 6 个与字符串相关的函数。其中，_____函数可以返回字符串的长度；_____函数可以返回某个字符串的 Unicode 编码值。

19. Python 语句 print(type('abcde'))的输出结果是（   ）。

    A. <class 'tuple'>　　　　　　　　B. <class 'str'>

    C. <class 'set'>　　　　　　　　　D. <class 'list'>

20. 下列表达式中，有 3 个表达式的值相同，另一个不相同，与其他 3 个表达式不同的是（　　　）。

A. "ABC"+"DEF"
B. "".join(("ABC","DEF"))
C. "ABC"–"DEF"
D. "ABCDEF"*1

三、实验内容

上机题 1：输入以下程序代码并运行，写出程序运行结果。

```
>>> str1='efgh'
>>> str2='ijab'
>>> str3=str1+str2
>>> print(str3)              # 输出"efghijab"
>>> str4=str3*2
>>> print(str4)              # 输出"efghijabefghijab"
>>> str5=str1.upper()
>>> print(str1)             # 输出"efgh"
>>> print(str5)             # 输出"EFGH"
>>> result=str3 in str4
>>> print(result)           # 输出"True"
>>> id1=str2.index('a')
>>> print("{0}中出现字母a的位置是{1}".format(str2,id1))
# 输出ijab中出现字母a的位置是2
>>> id2=str2.find('a')
>>> "{}中出现字母a的位置是{}".format(str2,id1)
#输出'ijab中出现字母a的位置是2'
>>> id3=str2.index('j')
>>> print(id3)              # 输出1
>>> id4='ijabij'.find('j',2)
>>> print(id4)              # 输出5
>>> list1=list(str2)
>>> print(list1)           # 输出['i', 'j', 'a', 'b']
```

上机题 2：输入以下程序代码并运行，记录程序运行结果。

```
>>> x=10
>>> print(x)               # 输出10
>>> s='hello'
>>> print(s)               # 输出'hello'
>>> print(y)               # 输出NameError: name 'y' is not defined
>>> num=1
>>> print(num)             # 输出1
>>> Num=2.5
>>> NUM=1+2j
```

```
>>> print(num,Num,NUM)          # 输出1 2.5  (1+2j)
>>> print(type(num))            # 输出<class 'int'>
>>> print(type(NUM))            # 输出<class 'complex'>
>>> print(s*2)                  # 输出'hellohello'
>>> a,b=5,6
>>> print('a=',a,'b=',b)        # 输出a=5  b=6
>>> a,b=b,a
>>> print('a=',a,'b=',b)        # 输出a=6  b=5
>>> '我是{0}, 在学{1}'.format('张三','python')  # 输出'我是张三, 在学python'
>>> '{:=^20.4f}'.format(3.1415926)             # 输出'=======3.1416======='
```

上机题 3：练习算术运算符，运行下面的程序代码并分析运行结果。

```
1   i1,i2=10,3
2   f1,f2=3.2,1.5
3   c1,c2=3+4.1j,5.2+6.3j
4   print(i1+i2)      # 输出"13"
5   print(c1-c2)      # 输出"(-2. 2-2. 2j)"
6   print(f1*f2)      # 输出"4.800000000000001"
7   print(i1/i2)      # 输出"3.3333333333333335"
8   print(i1//i2)     # 输出"3"
9   print(i1%i2)      # 输出"1"
10  print(-f1)        # 输出"-3.2"
11  print(+f2)        # 输出"1.5"
12  print(i1**i2)     # 输出"1000"
```

上机题 4：当 x=2，y=3 时，上机验证表中表达式并填写结果。

表达式	运行结果
x*y	
x/y	
x//y	
x%y	
x**y	
x<y	
x or y	
not x	
x= =y	
x and y	

上机题 5：已知字符串 s1='我学'，s2='python'，上机验证表中表达式并填写结果。

表达式	运行结果
s1+s2	
s1*2	
2*s2	
s1*s2	

续上表

表达式	运行结果
'我' in s1	
s1[0]	
s1[0:-1]	
s1[0:]	
s2[-3:-1]	
s1[::-1]	
s2[::2]	
s2[1::2]	
s1>s2	
len(s1)	

上机题 6：有一个字符串'www. jci. edu. cn'，编写程序实现以下功能：

（1）输出第一个字符。

（2）输出前三个字符。

（3）输出后三个字符。

（4）输出字符串的总长度。

（5）输出字符'c'在字符串中第一个位置的索引值（可用 index()方法）。

（6）输出字符'c'出现的总次数（可用 count()方法）。

（7）将字符串中所有的'. '替换为'-'并输出。

（8）将字符串中所有的字母全部转换为大写字母并输出。

（9）删除字符串中的标点符号，把字符串拆分为四个字符串。

上机题 7：编写程序计算出储蓄账户中以 10 000 元人民币为本金，每年 3%为复利，三年后的本息总和。

【提示】

（1）创建变量 money，并赋值 10000。

（2）money 增长 3%，并赋值给 money。

（3）money 增长 3%，并赋值给 money。

（4）money 增长 3%，并赋值给 money。

（5）输出 money 的值。

上机题 8：编写程序实现一个三位数的反序输出。

【提示】

（1）从键盘上输入一个三位整数 num，注意需要类型转换。

（2）A 表示百位，B 表示十位，C 表示个位，如 A=num//100。

（3）用 100×C+10×B+A。

测试用例：

测试输入：

123↙

预期输出：

321

上机题 9：编写一个能计算四边形的周长和面积的小程序。输入四边形的四条边长和一对对角之和（角度值），计算其周长和面积。四边形四条边的长度分别为 a、b、c、d，一对对角之和为 m，x 是周长的一半，其面积公式为

$$S=\sqrt{(x-a)(x-b)(x-c)(x-d)-abcd\left[\cos\left(\frac{m}{2}\right)\right]^2}$$

【提示】

（1）从键盘输入四条边长的值分别给 a、b、c、d。

（2）求平方根可使用 math 库的 sqrt()函数。

（3）math 库函数的引入：第一种导入方式 from math import*对 math 库中函数可以直接采用<函数名>()形式使用；第二种导入方式 import math 引用函数时需要加上 math.，例如，math.sin(3.14)。

上机题 10：编写程序求圆的面积。

【提示】

（1）从键盘输入圆的半径给 r。

（2）定义 PI 为圆周率常量。

上机题 11：数字月份转字符串，编写程序实现月份数字向英文缩写的转换。从键盘上输入一个表示月份的数字（1~12），输出对应月份的英文缩写和同月份对应的缩写。

测试用例：

测试输入	预期输出	测试输入	预期输出	测试输入	预期输出
1 月	Jan	2 月	Feb	3 月	Mar
4 月	Apr	5 月	May	6 月	Jun
7 月	Jul	8 月	Aug	9 月	Sep
10 月	0ct	11 月	Nov	12 月	Dec

上机题 12：程序可以接受人民币或英镑输入，转换为英镑或人民币输出。人民币采用 CNY 表示，英镑 GBP 表示，符号和数值之间没有空格。

【提示】

（1）请使用 input('请输入人民币或英镑的币值：').

（2）假设 1GBP=9.0852CNY。

（3）不提示输出格式错误，结果小数点后保留两位。

测试用例：

测试输入 1：

```
2GBP
```

预期输出 2：

```
18. 17CNY
```

测试输入 1：

```
18. 17CNY
```

预期输出 2：

```
2. 00GBP
```

上机题 13：输入一个整数，判断其是否回文数。回文数是指该数翻转后也等于该数本身。例如，12321 就是回文数，12345 不是回文数。

【提示】

（1）Str.isnumeric()方法可以判断字符串"tr"否都是数字字符。若都是数字字符，返回 true，否则返回 false。

（2）通过字符串[::-1]的切片形式可以得到翻转的字符串。

（3）若字符串不是数字字符串，提示不是数字；若字符串 x 是回文数，显示 x 是回文数；若字符串 x 不是回文数，显示 x 不是回文数。

测试用例：

测试输入 1：

请输入字符串12321↙

预期输出 1：

12321是回文数

测试输入 2：

请输入字符串12345↙

预期输出 2：

12345不是回文数

测试输入 3：

请输入字符串12a↙

预期输出 3：

不是数字

上机题 14：编写一个能对凯撒密码执行解密的小程序。凯撒密码是古罗马凯撒大帝用来对军事情报进行加密的算法，它采用了替换方法对信息中的每一个英文字符循环替换为字母表序列该字符后面第三个字符，对应关系如下：

原文：ABCDEFGHIJKLMNOPQRSTUVWXYZ

密文：DEFGHIJKLMNOPQRSTUVWXYZABC

【提示】

（1）ord（符）函数可以返回字符的编码。

（2）chr（码值）函数可以返回编码对应的字符。

（3）大写英文字母才按规则进行解密。

测试用例：

测试输入：

WKLV LV DQ DSSOH↙

预期输出：

THIS IS AN APPLE

上机题 15：编写一个 Python 程序，将 12 位整数作为输入，计算校验和并打印 ISBN 号。例如，输入 978712128484，输出 9787121284847。

【提示】国际标准书号ISBN由13位数字组成的，最后一个数字是校验码，校验方式是把从左到右前12位数，奇数位乘1，偶数位乘3，将12个乘积相加，除以10，得到余数，再用10减去这个余数，得数是校验码。

测试用例：

测试输入1：

977712128484↙

预期输出1：

9787121284847

测试输入2：

978163995000↙

预期输出2：

9781639950003

实验八

Python 程序控制结构

一、实验目的

①掌握分支结构（单分支、双分支和多分支）和 if 语句嵌套结构。
②掌握循环结构（for 循环和 while 循环）及多重循环结构。
③掌握 break 和 continue 的使用方法。
④掌握异常处理语句。
⑤学会 random 库的使用方法。

二、实验准备

（一）知识点回顾

1. 程序的基本结构
程序由三种基本结构组成：顺序结构、分支结构和循环结构。

2. 程序的基本结构实例
IPO 描述主要用于区分程序的输入输出关系，重点在于结构划分，算法主要采用自然语言描述。

流程图描述侧重于描述算法的具体流程关系，流程图的结构化关系相比自然语言描述更进一步，有助于阐述算法的具体操作过程。

3. 单分支结构
if 语句的语法格式如下：

```
if <条件>:
    语句块
```

流程图如图 8-1 所示。

4. 二分支结构
if...else 语句的语法格式如下：

```
if <条件>:
    <语句块1>
```

```
else:
    <语句块2>
```

流程图如图 8-2 所示。

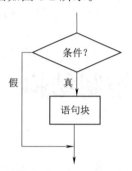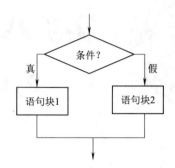

图8-1　if单分支结构　　　　　　　图8-2　if…else二分支结构

5. 多分支结构

if…elif…else 语句的语法格式如下：

```
if  <条件1>:
    <语句块1>
    elif<条件2>:
    <语句块2>
    ……
    else:
    <语句块N+1>
```

流程图如图 8-3 所示。

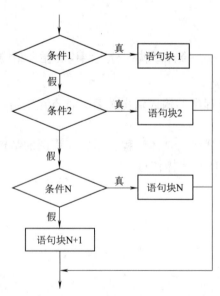

图8-3　if…elif…else多分支结构

6. if 语句的嵌套结构

语法格式如下：

```
if  <条件1>:
    if  <条件1-1>:
        <语句块1-1>
    else:
        <语句块1-2>
else:
    if  <条件1-2>:
        <语句块2-1>
    else:
        <语句块2-2>
```

流程图如图 8-4 所示。

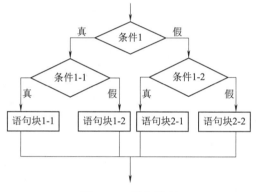

图8-4　if 语句嵌套

7. for 语句（遍历循环）

语法格式如下：

```
for  <循环变量>  in  <遍历结构>:
    <语句块>
```

●由保留字 for 和 in 组成，完整遍历所有元素后结束。

●每次循环，所获得元素放入循环变量，并执行一次语句块。

流程图如图 8-5 所示。

（1）计数循环遍历：

```
for i in range(N):
    <语句块>
```

（2）字符串循环遍历：

```
for c in s:
    <语句块>
```

其中，s 是字符串，遍历字符串每个字符，产生循环。

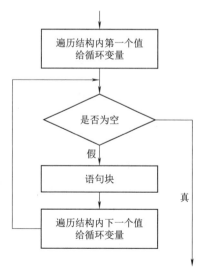

图8-5　for 循环遍历

（3）列表循环遍历：

```
for  item  in  ls:
     <语句块>
```

其中，ls 是一个列表，遍历其每个元素，产生循环。

（4）遍历循环扩展模式：

```
for  <循环变量>  in  <遍历结构>:
     <语句块1>
else:
     <语句块2>
```

8. while 语句

语法格式有两种：

```
while 条件:
     <语句块1>
```

流程图如图 8-6 所示。

```
while 条件：
<语句块1>
     else:
     <语句块2>
```

流程图如图 8-7 所示。

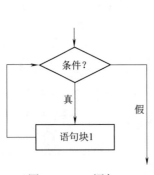

图8-6　while语句

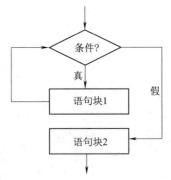

图8-7　while…else结构流程

9. 循环嵌套

如果一个循环语句的循环体语句只包含一层循环，这样的嵌套循环叫作二重循环。对于一个二重循环，如果外层循环的循环变量变化 s 次，内层循环的循环变量变化 t 次，则外层循环每执行 1 次，内层循环就执行 t 次，当外层循环执行了 s 次之后，内层循环的循环体已经执行了 $s×t$ 次。如果二重循环的内循环体语句又为循环结构，即三重循环。二重循环嵌套语法格式如下：

（1）格式 1：

```
while 条件:
    for  <循环变量>  in  <遍历结构>:
         <语句块>
```

（2）格式2：

```
while 条件1:
While 条件2
    <语句块>
```

（3）格式3：

```
    for <循环变量> in <遍历结构>:
While 条件
    <语句块>
```

（4）格式4：

```
for <循环变量1> in <遍历结构>:
    for <循环变量2> in <遍历结构>:
        <语句块>
```

10. break 语句

break 语句用来跳出当前循环，继续执行循环后面代码，每个 break 语句只有能力跳出当前层次循环。语法格式如下：

```
while 条件1:
    <语句块1>
    if 条件2: break
    <语句块2>
```

break 流程图如图 8-8 所示。

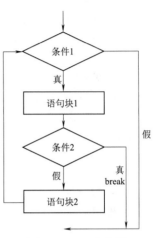

图8-8 break流程图

11. continue 语句

continue 语句用来结束当前当次循环，即跳出循环体中下面尚未执行的语句，但不跳出当前循环。

对于 while 循环，继续求解循环条件。而对于 for 循环，程序流程接着遍历循环列表。语法格式如下：

```
while 条件1:
    <语句块1>
    if 条件2: continue
<语句块2>
```

流程图如图 8-9 所示。

12. 异常处理 try...except 语句

（1）Python 异常信息中最重要的部分是异常类型，它表明了发生异常的原因，也是程序处理异常的依据。Python 使用 try...except 语句实现异常处理，语法格式如下：

```
try:
    <语句块1>
except <异常类型>:
    <语句块2>
```

（2）异常的高级用法，try...except 语句可以支持多个 except 语句，语法格式如下：

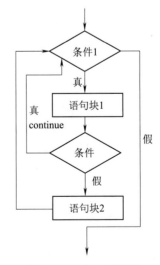

图8-9 continue流程图

```
try:
    <语句块1>
except <异常类型1>:
    <语句块2>
......
except <异常类型N>:
    <语句块N+1>
except:
    <语句块N+2>
```

（3）异常的高级用法，除了 try 和 except 保留字外，异常语句还可以与 else 和 finally 保留字配合使用，语法格式如下：

```
try:
    <语句块1>
except <异常类型1>:
    <语句块2>
else:
    <语句块3>
finally:
    <语句块4>
```

处理过程如图 8-10 所示。

图8-10　异常处理

13．random 库

random 库是 Python 内置的库，提供了随机产生数，在 random 这个库中有一个 random() 函数，该函数的功能是产生一个 0.0 至 1.0 之间的数。

（二）知识点巩固

1．程序的基本控制结构有三种，分别为顺序结构、_____和_____。Python 中常见的选择（分支）结构有_____，_____，和_____三种；Python 中常见的循环结构有_____和_____两种。

2．有以下程序：

```
a=eval(input("请输入a的值: "))
b=eval(input("请输入b的值: "))
```

```
if a>=b:                                # 行A
    print("{}比较大". format(a))         # 行B
if a<b:                                 # 行C
    print("{}比较大". format(a))         # 行D
```

当输入 a 的值为 5，b 的值为 4 时，_____会被执行，_____不会被执行；当输入 a 的值为 4，b 的值为 5 时，_____会被执行，_____不会被执行。

3. range()函数是 Python 的一个内置函数，调用这个函数能产生一个迭代序列，有以下几种不同的调用方式：

（1）range(m)：得到的迭代序列为_____，如：range(10)表示序列_____，若 m<=0 时，则序列为_____。

（2）range(m,n)：得到的迭代序列为 m，m+1，m+2，…，n−1，如：range(10,20)表示序列_____，当 n<=m 时，则序列为_____。

（3）range(m,n,d)：如果 d 为正值，得到的迭代序列为 m，m+d，m+2d，…，按步长为 d 递增，若_____，则序列为空；如果 d 为负值，得到的迭代序列为 m，m−d，m−2d，…，按步长为 d 递减，若_____，则序列为空；如 range(10,20,2)表示序列_____，而 range(30,10,−5)表示序列_____。

4. 在循环结构中，可以使用_____和_____来改变循环执行的流程。_____语句的作用是提前结束本层循环。_____语句的作用是提前进入下一次循环。

5. 循环中，可用 else 子句，若循环条件不成立或者循环遍历结束而正常退出，则_____else 结构中的语句块；若循环因为 break 语句导致提前结束（不正常结束），则_____else 结构中的语句块。（填执行或不执行）

6. 有以下程序：

```
Word=input("请输入一串字符: ")
reversedWord=""
for ch in Word:
    reversedWord=ch+reversedWord          #A行
print("The reversed Word is: "+reversedWord)
```

当程序运行时，输入的字符串为"python"时，运行结果为_____；上述 A 行代码_____（填可以或不可以）改写为"reversedWord=reversedWord+ch"。

7. 有以下程序：

```
Sum=0
for a in range(1,10,2):
    sum=sum+a
print("sum=",sum)
```

程序运行结果为_____。程序执行过程中，循环共执行_____次，第一次循环时，a 的值为_____，最后一次循环时，a 的值为_____。

8. 有以下程序：

```
while True:
    print("我爱我的祖国！！！")
```

当上述程序运行时，程序会进入_____状态，若想结束这种状态，可用_____（组合键）。

9. 以下 if 语句语法正确的是 (　　　).

    A.　if a>0 : x=20
           else: x=200

    B.　if(a>0) : x=20
           else:
                x=200

    C.　if(a>0):
            x=20
            else:x=200

    D.　if(a>0) :
            x=20
            else:
                x=200

10. 执行下列 Python 语句后的显示结果是 (　　　).

```
i=1
if(i):print(Ture)
else:print(False)
```

    A.　输出 1　　　　B.　输出 Ture　　　　C.　输出 False　　　　D.　输出 0

11. 下面程序段求 x 和 y 中的较大数，不正确的是 (　　　).

    A.　maxNum=x if x>y else y
    B.　maxNum=math.max(x,y)
    C.　if(x>y):maxNum=x else:maxNum=y
    D.　if(y>=x):maxNum=y maxNum=x

12. 执行下列 Python 语句后的显示结果是 (　　　).

```
i=1
if(i):print(Ture)
else:print(False)
```

    A.　输出 1　　　　B.　输出 Ture　　　　C.　输出 False　　　　D.　输出 0

13. 执行下列 Python 语句后的显示结果是 (　　　).

```
x=2
y=2.0
if(x==y):print("Equal")
else:print("Not Equal")
```

    A.　Equal　　　　B.　Not Equal　　　　C.　编译错误　　　　D.　运行时错误

14. 下面程序的执行结果是 (　　　).

```
s=0
for i in range(1,101):
    s+=i
else:
    print(1)
```

    A.　1　　　　B.　5050　　　　C.　4950　　　　D.　0

15. 下面程序的执行结果是 (　　　).

```
s=0
for i in range(1,101):
    s+=i
    if i==50:
        print(s)
```

```
        break
else:
    print(1)
```

  A. 1   B. 5050   C. 4950   D. 1275

16. 阅读下面程序，正确的是（ ）。

```
from random import randint
result=set()
while True:
    result. add(randint(1,10))
    if len(result)==20:
        break
print(result)
```

  A. 死循环   B. 产生10个随机数
  C. 产生20个随机数   D. 产生9个随机数

17. 下列说法中正确的是（ ）。
  A. break用在for语句中，而continue用在while语句中
  B. break用在while语句中，而continue用在for语句中
  C. continue能结束循环，而break只能结束本循环
  D. break能结束循环，而continue只能结束本循环

18. 下列while循环执行的次数为（ ）。

```
k=1000
while k>1:
    print(k)
    k=k/2
```

  A. 9   B. 10   C. 11   D. 1000

19. Python异常处理机制中没有的语句是（ ）。
  A. try   B. throw   C. except   D. finally

20. 下面程序运行结果为（ ）。

```
s=0
for i in range(10):
    if(i%3!=0):
        continue
    s=s+i
print(s)
```

  A. 45   B. 27   C. 18   D. 55

21. 在Python中，下列语句中，不能捕获异常的是（ ）。
  A. type: B. type:
    9/0   9/0
             except:
              print（"除数不能为0"）

  C.　type: B.　type:

    9/0   9/0

    Except Exception as e: except ZeroDivisionError as e:

     print e   print e

22.　在 Python 中，下列关于 for 循环的描述，说法正确的是（　　　）。

  A.　for 循环可以遍历可迭代对象

  B.　for 循环不能使用循环嵌套

  C.　for 循环不可以与 if 语句一起使用

  D.　for 循环可以遍历数据，但不能控制循环次数

23.　在 Python 中，下列关于 try...except 的说法，错误的是（　　　）。

  A.　try 子句中如果没有发生异常，则忽略 except 子句中的代码

  B.　程序捕获到异常会先执行 except 语句，然后再执行 try 语句

  C.　执行 try 语句下的代码，如果引发异常，则执行过程会调到 except 语句

  D.　except 可以指定错误的异常类型

24.　在 Python 中，下列选项中会输出 1，2，3 三个数字的是（　　　）。

  A.　for in range(3)   B.　for in in range(2)

    print(i)   print(i+1)

  C.　a_list=[0,1,2]   D.　i=1

    for in a_list: while i < 3:

     print(i+1)   print(i)

                 i=i+1

25.　在 Python 中，运行下列程序，正确的结果是（　　　）。

```
s=0
for i in range(1,5):
        s=s+i
print("i=",i,"s=",s)
```

  A.　i=4 s=10 B.　i=5 s=10 C.　i=5 s=15 D.　i=6 s=15

三、实验内容

  上机题 1：输入一个整数，判断其奇偶性。若是奇数，就输出"It's odd."，若是偶数，就输出"It's even."。

  【提示】用 input() 函数输入的数要转换为整数，然后将其对 2 取余数，余数为 1，则输出奇数；否则输出偶数。

  上机题 2：编写程序，输入一个整数，判断此整数能否同时被 3 和 7 整除，若能，则输出"YES"，否则输出"NO"。

  【提示】用 input() 函数输入的数要转换为整数，一个数 m 能被 3 和 7 整除，即是 m%3==0 and m%7==0。

  上机题 3：编写程序，输入一个实数，求此实数的绝对值。

  【提示】负数的绝对值为本数的相反数，正数的绝对值为数的本身。

上机题 4：输入星期几，输出是工作日还是休息。（周一至周五为工作日，周六和周日休息）

【提示】用双分支结构，逻辑或的关系运算符为 or。

上机题 5：判断是否酒后驾车。酒驾判断条件：100 ml 血液酒精的含量如下：小于 20，不构成酒驾；大于等于 20 且小于<80，已构成酒驾；大于等于 80，已构成醉驾。

请输入酒精含量，输出判断结果。

【提示】用多分支结构或者 if 语句的嵌套来实现，注意 else 的隐含条件。

上机题 6：输入空气的 PM2.5 值，输出空气质量提醒。参考标准如下：

PM2.5 值>=75：空气污染警告；

35<=PM2.5 值<75，空气良好；

PM2.5 值<35，空气优质。

【提示】用多分支结构或者 if 语句的嵌套来实现，注意 else 的隐含条件。

上机题 7：编程实现下列分段函数。输入 x 变量的值，输出函数 y 的值。

$$y=\begin{cases} 2x & x<0 \\ x+5 & 0\leqslant x<10 \\ x/2 & 10\leqslant x<50 \\ sqrt(x) & x\geqslant 50 \end{cases}$$

【提示】用多分支结构或者 if 语句的嵌套来实现，注意 else 的隐含条件。

上机题 8：连续输出 26 个英文小写字母。

【提示】26 个英文字母的 ASCII 值是连续的，用到 ord() 和 chr() 函数。

上机题 9：八进制转换为十进制，输入一个八进制数，将其转换为十进制数。

【提示】八进制转十进制原则：$a_n\times 8^n+a_{n-1}\times 8^{n-1}+\cdots+a_0\times 8^0$。（$a_n$，$a_{n-1}$，$\cdots$，$a_0$ 为八进制的各位置上的数符，n，$n-1$，$\cdots$，0 为数符所在的位置）

上机题 10：设用户密码为"python"，从终端键盘上输入密码，编写程序判断输入的密码是否正确，若正确则输出"通过"；否则输出"错误，请重新输入:"。最多允许输入 3 次密码。

【提示】定义字符串变量，赋初值"python"，通过 for 控制循环次数 3，若输入密码正确，输出"通过"，本结束循环；若输入密码错误，则输出"你还有×次机会!"。循环正常结束则输出"你已经输入 3 次，没有机会了"。

上机题 11：编程实现：剪刀、石头、布游戏（0 剪刀、1 石头、2 布），系统随机产生一个，由用户输入，判断用户的输、赢和平局。若用户输入的值不是 0、1、2，则游戏结束。

【提示】先输入（0 剪刀、1 石头、2 布）给一变量 player，循环条件：while(player in (0,1,2))，循环体首先产生一个（0、1、2）的随机数给 computer，接下来判断输、赢或者平局，最后用户再次输入（0 剪刀、1 石头、2 布）给一变量 player，继续循环直到游戏结束。

上机题 12：在公元五世纪我国数学家张丘建在其《算经》一书中提出了"百鸡问题"："鸡翁一值钱 5，鸡母一值钱 3，鸡雏三值钱 1。百钱买百鸡，问鸡翁、鸡母、鸡雏各几何？"

【提示】三重循环实现：外层循环鸡翁个数（0~20），中间层循环鸡母个数（0~33），内层循环鸡雏的个数（0~300），条件为鸡翁+鸡母+鸡雏为100同时5*鸡翁+3*鸡母+鸡雏/3也为100。

上机题 13：有1、2、3、4个数字，能组成多少个互不相同且无重复数字的三位数？都是多少？

【提示】三重循环实现：外层循环为百位数字，中间层循环为十位数字，内层循环为个位数字，若百十个位数字不相同则输出它们所组成的三位数并统计个数，最后输出个数。

上机题 14：输出下列九九乘法口诀。

```
1*1=1
2*1=2    2*2=4
3*1=3    3*2=6    3*3=9
4*1=4    4*2=8    4*3=12   4*4=16
5*1=5    5*2=10   5*3=15   5*4=20   5*5=25
6*1=6    6*2=12   6*3=18   6*4=24   6*5=30   6*6=36
7*1=7    7*2=14   7*3=21   7*4=28   7*5=35   7*6=42   7*7=49
8*1=8    8*2=16   8*3=24   8*4=32   8*5=40   8*6=48   8*7=56   8*8=64
9*1=9    9*2=18   9*3=27   9*4=36   9*5=45   9*6=54   9*7=63   9*8=72   9*9=81
```

【提示】二重循环实现：外循环为行数（1到9循环），内循环为列数（1到行数），循环体输出上述表达式行*列=结果，注意换行。

上机题 15：求1+2+…+n的和小于1 000的最大n。

【提示】循环变量n从1开始，每次循环变量值自增1，循环条件永远为真，循环内将循环变量的值累加到sum中，当sum的值大于等1 000用break退出循环体，之后输出满足条件的n值。

上机题 16：猜数游戏。在程序中预设一个0~100之间的整数，让用户通过键盘输入所猜的数，如果大于预设的数，显示"遗憾，太大了！"；小于预设的数，显示"遗憾，太小了！"，如此循环，直至猜中概述该数，显示"预测N次，你猜中了！"，其中N是用户输入数字的次数。

【提示】首先由随机函数产生一个0~100的整数m，接下来用一个永远为真的循环，循环体内先由用户输入一个0~100的整数n，再判断用户输入的数n与随机产生的数m之间的大小关系，若相等则提示猜中了并退出循环，若n<m，则提示猜小了，若n>m，则提示猜大了，注意统计预测次数。

上机题 17：输入一个正整数n，计算n的所有因子之和。（用continue实现）

【提示】首先输入n，接下来是循环，循环变量i值从1到n，循环体中判断i是否能被n整除，若不能整除则什么都不做，若能整除则输出并累加到sum中，循环结束后输出sum。

上机题 18：随机出10~100以内的加法运算题

【提示】首先用循环控制10次循环，每次循环先由random库的randint()函数随机产生两个0~50的数a和b，再输出表示式"a+b="，由用户输入结果，接着判断结果是否正确，并统计正确的个数，最后输出正确的个数。

实验九

Python 函数

一、实验目的

①熟练掌握函数的定义和调用方法。
②熟练掌握函数实参与形参的对应关系，以及"值传递"的方式。
③熟练掌握函数的嵌套调用和递归函数。
④学会全局变量和局部变量、动态变量和静态变量的概念和使用方法。

二、实验准备

（一）知识点回顾

1. 函数的定义方法

定义函数的基本语法如下：

```
def <函数名>(<参数列表(0个或多个)>):
<函数体>
return <返回值列表>
```

注意：

- 函数定义时，所指定的参数是一种占位符。
- 函数定义后，如果不经过调用，不会被执行。
- 函数定义时，参数是输入、函数体是处理、结果是输出（IPO）。

2. 函数的调用方法

程序调用一个函数需要执行以下四个步骤：

（1）调用程序在调用处暂停执行；
（2）在调用时将实参复制给函数的形参；
（3）执行函数体语句；
（4）函数调用结束给出返回值，程序回到调用前的暂停处继续执行。

函数的调用非常简单，只需要使用函数名加括号，可选地传入参数的值。例如：

```
greet("Alice")、fact(5)
```

注意：

- 调用时要给出实际参数。
- 实际参数替换定义中的参数。
- 函数调用后得到返回值。

3. lambda()函数

Python 中的 lambda()函数是一种特殊的函数，被称为匿名函数。用于定义简单的、能够在一行内表示的函数。匿名函数并非没有名字，而是将函数名作为函数结果返回，格式如下：

```
<函数名>=lambda <参数列表>: <表达式>
```

Lambda()函数与正常函数一样，等价于下面形式：

```
def <函数名>(<参数列表>):
    return <表达式>
```

注意：谨慎使用 lambda()函数。

- lambda()函数主要用作一些特定函数或方法的参数。
- lambda()函数有一些固定使用方式，建议逐步掌握。
- 一般情况，建议使用 def 定义的普通函数。

4. 函数的参数传递

（1）参数个数：函数可以有参数，也可以没有，但必须保留括号。

（2）可选参数传递：函数定义时可以为某些参数指定默认值，构成可选参数。

```
def <函数名>(<非可选参数>, <可选参数>) :
    <函数体>
return <返回值>
```

例如：

```
range(start, stop[, step] )
```

（3）可变参数传递：函数定义时可以设计可变数量参数，既不确定参数总数量，通过参数前增加星号（*）实现。语法格式如下：

```
def <函数名>(<参数>, *b ) :
    <函数体>
return <返回值>
```

例如：

```
def vfunc(a, *b):
```

（4）参数的位置和名称传递

函数调用时，参数可以按照位置或名称方式传递。例如，对函数 fact(n,m=1)，使用 fact(10, 5)属于位置传递，使用 fact(m=5, n=10)则属于名称传递。由于调用函数时指定了参数名称，所以参数之间的顺序可以任意调整。

（5）函数的返回值：函数可以返回 0 个或多个结果。return 语句用来退出函数并将程序返回到函数被调用的位置继续执行。return 语句同时可以将 0 个、1 个或多个函数运算完的结果返回给函数被调用处的变量。

函数调用时，参数可以按照位置或名称方式传递。函数可以没有 return，此时函数并不返回值。函数也可以用 return 返回多个值，多个值以元组类型保存。

5. 变量的作用域

一个程序中的变量包括两类：全局变量和局部变量。全局变量指在函数之外定义的变量，一般没有缩进，在程序执行全过程有效；局部变量指在函数内部使用的变量，仅在函数内部有效，当函数退出时变量将不存在。

Python 函数对变量的作用域遵守如下原则：

（1）简单数据类型变量无论是否与全局变量重名，仅在函数内部创建和使用，函数退出后变量被释放；

（2）简单数据类型变量在用 global 保留字声明后，作为全局变量；

（3）对于组合数据类型的全局变量，如果在函数内部没有被真实创建的同名变量，则函数内部可直接使用并修改全局变量的值；

（4）如果函数内部真实创建了组合数据类型变量，无论是否有同名全局变量，函数仅对局部变量进行操作。

6.函数嵌套

函数作为一种代码封装，可以被其他程序调用，叫作函数嵌套。在函数定义中调用函数自身的方式称为递归。

递归在数学和计算机应用上非常强大，能够非常简洁地解决重要问题。递归有两个关键特征：

（1）链条：计算过程存在递归链条；

（2）基例：存在一个或多个不需要再次递归的基例。

（二）知识点巩固

1. 可以使用内置函数_____查看包含当前作用域内所有全局变量和值的字典。

2. 已知 x = [3, 7, 5]，那么执行语句 x = x.sort(reverse=True) 之后，x 的值为_____。

3. Python 中定义函数的关键字是_____。

4. 在函数内部可以通过关键字_____来定义全局变量。

5. 如果函数中没有 return 语句或者 return 语句不带任何返回值，那么该函数的返回值为_____。

6. 已知函数定义 def demo(x, y, op):return eval(str(x)+op+str(y))，那么表达式 demo(3, 5, '+')的值为_____。

7. 在 Python 中，一个函数既可以调用另一个函数，也可以调用它自己。如果一个函数调用了_____，就称为递归。

8. 每个递归函数必须包括两个主要部分：_____和_____。

9. 以下程序的输出结果是：(   )。

```
def func(num):
    num*=2
x=20
func(x)
print(x)
```

A. 20   B. 40   C. 出错   D. 无输出

10. 以下程序的输出结果是：（   ）。

```python
def func(a, *b):
    for item in b:
        a+=item
    return a
m=0
print(func(m,1,1,2,3,5,7,12,21,33))
```

A. 85   B. 33   C. 0   D. 7

11. 以下关于 Python 函数使用的描述，错误的是（   ）。

    A. Python 程序里一定要有一个主函数

    B. 函数定义是使用函数的第一步

    C. 函数被调用后才能执行

    D. 函数执行结束后，程序执行流程会自动返回到函数被调用的语句之后

12. 以下关于函数参数和返回值的描述，正确的是（   ）。

    A. Python 支持按照位置传参也支持名称传参，但不支持地址传参

    B. 采用名称传参的时候，实参的顺序需要和形参的顺序一致

    C. 可选参数传递指的是没有传入对应参数值的时候，就不使用该参数

    D. 函数能同时返回多个参数值，需要形成一个列表来返回

13. 以下程序的输出结果是（   ）。

```python
def calu(x=3, y=2, z=10):
    return(x**y*z)
h=2
w=3
print(calu(h,w))
```

A. 80   B. 90   C. 70   D. 60

14. 以下程序的输出结果是：（   ）。

```python
img1=[12,34,56,78]
img2=[1,2,3,4,5]
def displ():
    print(img1)
def modi():
    img1=img2
modi()
displ()
```

    A. [12, 34, 56, 78]   B. [1,2,3,4,5]

    C. ([12, 34, 56, 78])   D. ([1,2,3,4,5])

15. 以下程序的输出结果是：（   ）。

```python
s=0
def fun(num):
    try:
```

```
        s+=num
        return s
    except:
        return 0
    return 5
print(fun(2))
```

    A. 0　　　　　　　　　　　　B. 2

    C. 5　　　　　　　　　　　　D. UnboundLocalError

16. 以下关于函数的描述，错误的是（　　　）。

    A. 使用函数的目的只是为了增加代码复用

    B. 函数是一种功能抽象

    C. 使用函数后，代码的维护难度降低了

    D. 函数名可以是任何有效的 Python 标识符

17. 以下程序的输出结果是（　　　）。

```
def test( b=2, a=4):
    global z
    z+=a*b
    return z
z=10
print(z, test())
```

    A. 10 18　　　　　　　　　　B. UnboundLocalError

    C. 18 18　　　　　　　　　　D. 18 None

18. 以下程序的输出结果是（　　　）。

```
def hub(ss, x=2.0, y=4.0):
    ss+=x*y
ss=10
print(ss, hub(ss, 3))
```

    A. 10 None　　B. 22 None　　C. 10.0 22.0　　D. 22.0 None

19. 执行以下代码，运行错误的是（　　　）。

```
def fun(x,y="Name", z=No"):pass
```

    A. fun(1,,3)　　　　　　　　B. fun(1,2,3)

    C. fun(1,2)　　　　　　　　D. fun(1)

20. 执行以下代码，运行结果为（　　　）。

```
def plit(s):
    return s.split("a")
s="Happy birthday to you!"
print(split(s))
```

    A. "Happy birthday to you!"

    B. ['Happy', 'birthday', 'to', 'you!']

    C. 运行出错

    D. ['H', 'ppy birthd', 'y to you!']

21．以下代码执行的输出结果是（　　）。

```
n=2
def multiply(x,y=10):
    global n
    return x*y*n
s=multiply(10,2)
print(s)
```

  A．200   B．1024   C．40   D．400

22．以下代码执行的输出结果是（　　）。

```
ls=[]
def func(a,b):
     ls.append(b)
         return a*b
s=func("Hello!",2)
print(s,ls)
```

  A．Hello!Hello! []

  B．Hello!Hello! [2]

  C．Hello!Hello!

  D．出错实验内容

23．以下程序的输出结果是（　　）。

```
def fun1():
    print("in fun1()")
  fun2()
fun1()
def fun2():
    print("in fun2()")
  fun1()
fun2()
```

  A．in fun1()   B．死循环

    in fun2()

  C．in fun1()   D．出错

三、实验内容

上机题 1：编写函数，实现根据键盘输入的长、宽、高之值计算长方体体积。

上机题 2：编写一个程序，在主程序中求 1900~2023 年中所有的闰年，每行输出 5 个年份。闰年即能被 4 整除但不能被 100 整除，或者能被 400 整除的年份。要求定义一个函数 isLeap()，该函数用来判断某年是否是闰年，是闰年则函数返回 True，否则返回 False。

【提示】

（1）如何实现不换行输出？可使用 print() 函数的 end 参数实现不换行输出。例如，end 是 Python 中 print() 函数的一个重要参数。默认情况下，print() 函数在输出结束后会自动换

行，而 end 参数可以替代默认的换行符，并将自定义的字符或字符串添加到输出的末尾。

• 需要换行时，可以使用 end='\n' 将输出结果换行。

• 不希望输出结果换行时，可以使用 end='' 将输出结果继续保持在同一行。

• end() 函数还可以使用自定义的字符或字符串作为换行符，通过将字符或字符串传递给 end() 函数，我们可以在输出结果中的每一行之间添加自定义的分隔符。

示例 1：

```
print("Hello", end=' ')print("World")
```

输出结果：

```
Hello World
```

示例 2：

```
print("Apple", end='|')print("Banana", end='|')print("Orange")
```

输出结果：

```
Apple|Banana|Orange
```

（2）如何控制一行输出 5 个数后再换行？可以定义一个计数变量 count，每输出一个数后 count 加 1，如果 count 能被 5 整除，执行 print 语句即可执行。

上机题 3：编写 isNum() 函数，参数为一个字符串，如果这个字符串属于整数、浮点数或复数的表示，则返回 True，否则返回 False。

【提示】可使用 eval() 函数。

上机题 4：编写函数可以根据输入的生产年份、型号和品牌，输出汽车的介绍。例如，输入：2020 AMG_S65 奔驰，可以输出：这是一辆 2020 年生产，型号是 AMG_S65 的奔驰牌汽车。如果用户只输入生产年份、型号时，品牌按"宝马"输出。（即品牌默认值为"宝马"）。

测试用例：

测试输入：

```
2020 AMG_S65 奔驰↙
```

预期输出：

```
这是一辆2020年生产，型号是AMG_S65的奔驰牌汽车
```

上机题 5：编写 multi() 函数，参数个数不限，返回所有参数的乘积。

【提示】可在函数的参数中使用带"*"号的参数。

上机题 6：在主程序中输入一个整数 n，定义一个函数 isperfect() 判断该数是否为完全数，是完全数则返回 1，否则返回 0。所谓完全数，是一些特殊的自然数，它所有的真因子（即除了自身以外的约数）的和，恰好等于它本身。如 6=1+2+3，所以 6 是完全数。

上机题 7：在主程序中用户输入一个正整数 n，编写函数判断 n 是否为素数，n 为素数时返回 True，不是素数时返回 False。素数，指在一个大于 1 的自然数中，除了 1 和此数自身外，没法被其他自然数整除的数。1 不是，2 是。

测试用例：

测试输入：

```
5↙
```

预期输出：

```
5是素数
```

上机题 8：主程序从键盘输入一个 5 位字符串，编写函数判断该字符串是否为回文数，所谓回文数是指，从前向后读和从后向前读是一样的。如 12321 是回文数。

上机题 9：打印 100 以内的斐波那契数列。

斐波那契数列描述如下：

$$F(n) = \begin{cases} 1 & n=1 \\ 1 & n=2 \\ F(n-1)+F(n-2) & n>2 \end{cases}$$

编写斐波那契数列函数程序，用递归实现。

上机题 10：据说古代有一个梵塔，塔内有三个底座 A、B、C，A 座上有 64 个盘子，盘子大小不等，大的在下，小的在上。有一个和尚想把这 64 个盘子从 A 座移到 C 座，但每次只能允许移动一个盘子。在移动盘子的过程中可以利用 B 座，但任何时刻 3 个座上的盘子都必须始终保持大盘在下、小盘在上的顺序。如果只有一个盘子，则不需要利用 B 座，直接将盘子从 A 移动到 C 即可。编写函数，接收一个表示盘子数量的参数和分别表示源、目标、临时底座的参数，然后输出详细移动步骤和每次移动后三个底座上的盘子分布情况。

【提示】 n 个盘子的递归解法如下：

步骤 1：从 A 柱移动 n–1 个盘子到 B 柱，借助 C 柱；

步骤 2：移动 A 柱最后一个盘子到 C 柱；

步骤 3：移动 B 柱的 n–1 个盘子到 C 柱，借助 A 柱。

递归的边界就是 n=1 时，可以直接移动盘子。注意的是在步骤 1 此时 C 柱是没有盘子；在步骤 2 此时仅移动一个盘子，可以直接移动；在步骤 3 此时 A 柱是空的。

上机题 11：输入一串字符作为密码，要求密码只能由数字与字母组成。编写一个函数 judge(passWord)，用来求出密码的强度 level，并在主程序中测试该函数，根据输入，输出对应密码强度。密码强度判断准则如下（满足其中一条，密码强度增加一级）：①有数字；②有大写字母；③有小写字母；④位数不少于 8 位。

测试用例：

测试输入：

请输入测试密码：abcew345t↙

预期输出：

abcew345的密码强度为3级

【提示】

（1）判断 ch 表示的字符是否为数字，可以使用条件：'0'<=ch<='9'。

（2）判断 ch 表示的字符是否为大写字母，可以使用条件：'A'<=ch<='Z'。

（3）求字符串长度可以使用 len()函数。

上机题 12：编写函数，从键盘输入参数 n，使用递归函数 $H(n)$ 实现下列特征方程中小于等于参数 n 的所有值。 $H(0)=0$; $H(1)=1$; $H(2)=2$; $H(n)= H(n)+9H(n-2)-9H(n-3)$

测试用例：

测试输入：

请输入参数 n：3↙

预期输出：

```
函数H(n)小于等于参数n的所有值为：
0,1,2,11
```

上机题 **13**：编写函数，求出所有符合下列条件的三位正整数：分别乘以 3、4、5、6、7 后得到的整数的各位数字之和都相等。

预期输出：

```
x=180:  x*3=540,  x*4=270,  x*5=900,  x*6=1080,  x*7=1260
x=198:  x*3=594,  x*4=792,  x*5=990,  x*6=1188,  x*7=1386
x=999:  x*3=2997,  x*4=3996,  x*5=4995,  x*6=5994,  x*7=6993
```

上机题 **14**：编写函数，从键盘输入参数 a 和 n，计算并显示形如 a+aa+aaa+aaaa+aaaaa+aaa…aaa 的表达式前 n 项的值。

上机题 **15**：编写函数，从键盘输入参数 n，计算并显示表达式 $1+1/2-1/3+1/4-1/5+1/6+\cdots+(-1)^n/n$ 的前 n 项之和。

测试用例：

测试输入：

```
请输入参数n:10↙
```

预期输出：

```
表达式的前10项之和为：0.6456349206349207
```

上机题 **16**：编写函数，从键盘输入一个字符串，把其中的各个字符颠倒，标点符号不颠倒，例如，'I enjoy reading!'，经过函数调用后变为'gnidaer yojne I'。

上机题 **17**：编写程序，要求根据输入的出生年份（>=1900），输出该年度的生肖，直到输入 0 结束。已知 1900 年的生肖是"鼠"。

上机题 **18**：编写主程序输入两个字符串 m 和 n，定义一个函数来判断单词 m 是否可以由字符串 n 中出现的字母来组成。如果 m, n 满足条件，则输出'FOUND'，否则输出'NO FOUND'，如果输入的 m 包含有除字母外的其他字符，输出'ERROR'结束。要求字符串中出现的字母均为小写字母，n 中的字母只能使用一次。

测试用例：

测试输入 1：

```
Word↙
world↙
```

预期输出 1：

```
FOUND
```

测试输入 2：

```
1a3e↙
```

预期输出 2：

```
ERROR
```

测试输入 3：

```
at↙
bcda↙
```

预期输出 3：

```
NOT FOUND
```

上机题 19：有 6 根火柴棒，列出所有能摆出的自然数，要求火柴棒正好摆完。

【提示】

（1）找出 0~9 这十个数字，每个数字分别需要几根火柴棒。

（2）用 6 根火柴棒摆出的最小数字是：0，用 6 根火柴棒摆出的最大数字是：111（位数越多数字肯定越大）因此：用 6 根火柴棒摆出的所有数字一定在 0~111 范围内。

（3）用穷举法（枚举法）判断 0~111 这 112 个数，每个数字需要用多少根火柴棒，如果该数字所用的火柴棒根数=6，则符合题意将该数字输出。

上机题 20：校验身份证号码。中国目前采用的是 18 位身份证号，其第 7~10 位数字是出生年，11~12 位是出生月份，13~14 是出生日期，第 17 位是性别，奇数为男性，偶数为女性，第 18 位是校验位。

如果身份证号码的其中一位填错了（包括最后一个校验位），则校验算法可以检测出来。如果身份证号的相邻 2 位填反了，则校验算法可以检测出来。校验规则如下：

（1）将前面的身份证号码 17 位数分别乘以不同的系数。从第一位到第十七位的系数分别为：7 – 9 – 10 – 5 – 8 – 4 – 2 – 1 – 6 – 3 – 7 – 9 – 10 – 5 – 8 – 4 – 2。

（2）将这 17 位数字和系数相乘的结果相加。

（3）用加出来和除以 11，看余数只可能是：0 – 1 – 2 – 3 – 4 – 5 – 6 – 7 – 8 – 9 – 10，分别对应的最后一位身份证的号码为：1 – 0 – X – 9 – 8 – 7 – 6 – 5 – 4 – 3 – 2。

（4）通过上面得知如果余数是 2，就会在身份证的第 18 位数字上出现罗马数字的 X（大写英文字母 X）。如果余数是 10，身份证的最后一位号码就是 2。

要求： 用户可重复输入身份证号，校验其是否是合法的身份证号码，根据具体情况输出"身份证号码校验为合法号码!"或"身份证校验位错误!"，如果输入 n 或 N，则结束查询。

测试用例：

测试输入 1：

```
22022119730228653X↵
```

预期输出 1：

```
身份证校验位错误!
```

测试输入 2：

```
220221197302296536↵
```

预期输出 2：

```
身份证号码校验为合法号码!
```

测试输入 3：

```
220221197305166534↵
```

预期输出 3：

```
身份证号码校验为合法号码!
```

上机题 21：校验身份证号码并输出个人信息。在上机题 20 的基础上增加如下功能：如果是合法的身份证号码，请同时输出该人的出生年月日、年龄和性别。

测试用例:

测试输入 1:

```
432831196811150810↙
```

预期输出 1:

```
身份证校验位错误!
```

测试输入 2:

```
432831196411150810↙
```

预期输出 2:

```
身份证号码校验为合法号码!
出生: 1964年11月15日
年龄: 60
性别: 男
```

上机题 **22**:模拟生成软件序列号。假设某软件产品为了区分每份产品,设置了一个25 位的产品序列号。产品序列号由五组被 "-" 分隔开,由字母数字混合编制的字符串组成,每组字符串是由五个字符串组成。如:36XJE-86JVF-MTY62-7Q97Q-6BWJ2。

每个字符是取自于以下 24 个字母及数字之中的一个:

B C E F G H J K M P Q R T V W X Y 2 3 4 6 7 8 9

要求通过用户输入的序列号个数(num)和随机数种子(n),生成 num 个序列号。

【提示】

(1)采用这 24 个字符的原因是为了避免混淆相似的字母和数字,如 I 和 1,O 和 0 等,减少产生不必要的麻烦。

(2)随机数种子函数语法为 random.seed(n),其中参数 n 可以为任意数字。

random.random()也是一个生成随机数的函数,但是每次调用后生成的随机数都是不同的,random.seed(n)设置好参数(种子,即 n)后,每次调用后生成的结果都是一样的。

(3)程序示例如下:

```
请输入要生成的序列号的个数: 5↙
请输入随机数种子: 11↙
W2WWY-3JHYX-64HFW-PGE28-6C4TW
6946H- 4BYEC-CJK4B-WQW3J-YK6PX
B7EW6-MV2E8-MQKYP-BE3FT-FPTEB
7BJJC-XT8TV-E36J7-MQEPQ-BVFGK
8FBCW-XH72J-WYJ9G-V6TFT-VJBM3
```

上机题 **23**:寻找反素数。反素数是指一个将其逆向拼写后也是一个素数的非回文数。例如:17 和 71 都是素数且均不是回文数,所以 17 和 71 都是反素数。

编写程序实现输入一个正整数 n,按从小到大的顺序输出小于 n 的所有反素数。

测试用例:

测试输入:

```
199↙
```

预期输出:

```
13 17 31 37 71 73 79 97 107 113 149 157 167 179
```

实验十

Python 组合数据类型

一、实验目的

①掌握元组、列表、集合和字典在 Python 语言中的创建方法及区别。
②掌握 Python 语言中元组、列表、集合和字典的访问方法。
③掌握元组、列表、集合和字典的基本操作。
④了解字符串与列表的区别及相互转换。
⑤掌握数值列表的简单统计方法。
⑥掌握集合的基本运算。

二、实验准备

（一）知识点回顾

1. 组合数据类型

可以将多个数据打包并且统一管理的数据类型是组合数据类型。Python 内置的数据类型如序列（列表、元组等）、集合和字典等可以容纳多项数据，我们称它们为容器类型的数据。

2. 组合数据类型种类

组合数据类型可以分为三类：序列类型、集合类型和映射类型。

3. 序列类型定义

序列（sequence）是一种可迭代的、元素有序的组合（容器）类型的数据。

4. 序列类型种类

序列包括列表（list）、字符串（string）、元组（tuple）和字节序列（bytes）等。

5. 索引

序列中的元素都是有序的，每一个元素都带有序号，这个序号叫作索引。索引有正值索引和负值索引之分。序列最左端位置标记为 0，依次增加。同时允许使用负数从序列右边末尾向左边进行反向索引，最右侧索引值是−1。

6. 序列的索引操作

通过下标运算符访问序列中的元素的，下标运算符是跟在容器数据后的一对中括号

（[]），中括号带有参数，对于序列类型的数据，这个参数就是元素的索引序号。

如：a='hello'，a[1]得到字符'e'；ls=[1,3,2,4]，ls[-2]得到 2；tp=(2,1,5,3)，tp[2]得到 5；data=bytes([72,101,108,108,100])，data[1]得到 101。

7. bytes 类型及用法

```
# 使用字节字面值创建bytes对象
data = b'Hello World'
# 使用bytes()构造函数创建bytes对象
data = bytes([72, 101, 108, 100])
# 使用字符串编码转换为bytes对象
data = '你好'.encode('utf-8')
```

8. 元组定义

元组是包含 0 个或多个成员项的不可变序列类型。元组生成后是固定的，其中任何成员项不能替换或删除，除非元素是可变类型表示的。

9. 元组的创建

用逗号和圆括号()来创建或用 tuple()函数创建。

10. 元组的操作

元组可以使用+和*操作符连接和复制，但不能添加、删除和修改元素

11. 列表的定义

列表则是一个可修改成员项的可变序列类型，使用也最灵活。

12. 列表的创建

用逗号和中括号［ ］（可选）来创建或用 list()函数创建。

13. 列表的操作

列表可以使用+和*操作符连接和复制，可以通过 append()、insert()和 extend()等方法添加元素，也可以使用 remove()、pop()和 clear()等方法删除元素。

14. 字符串的操作

字符串可以使用+和*操作符连接和复制，字符串不能添加、删除和修改元素，但可以使用 upper()、lower()、replace()等方法对字符串内容进行修改。

15. 集合的定义

集合是一种无序、可变的数据类型，可以用来存储不重复的元素。

16. 集合的创建

在 Python 中，集合可以使用{}括起来，其中元素之间使用逗号分隔，形如{元素 1,元素 2,元素 3,…}；另外也可用 set()来创建。注意，集合中的元素必须是可哈希的（既不可变的，如数字、字符串、元组等）。

17. 集合的运算

集合可以进行并集、交集、差集、对称差等运算，如 set1 = {1, 2, 3}，set2 = {3, 4, 5}
交集：

```
print(set1&set2) # 输出 {3}
```
并集：
```
print(set1|set2) # 输出 {1, 2, 3, 4, 5}
```
差集：
```
print(set1-set2) # 输出 {1, 2}
```
对称差：
```
print(set1^set2) # 输出 {1, 2, 4, 5}
```

18. 集合的操作

（1）添加元素：使用 add()方法可以向集合中添加一个元素，例如：
```
set1 = {1, 2, 3}, set1.add(4), print(set1) # 输出 {1, 2, 3, 4}
```
如果要添加多个元素，则可以使用 update()方法，例如：
```
set2 = {4, 5, 6}, set2.update([6, 7, 8]), print(set2) # 输出 {4, 5, 6, 7, 8}
```
（2）删除元素：使用 remove()方法可以删除集合中的一个元素，如果要删除一个不存在的元素，则会抛出 KeyError 异常，例如：
```
set1 = {1, 2, 3, 4}, set1.remove(3), print(set1) # 输出 {1, 2, 4};
```
使用 discard()方法也可以删除元素，如果要删除一个不存在的元素，则不会抛出异常。例如：
```
set2 = {4, 5, 6, 7, 8}, set2.discard(9), print(set2) # 输出 {4, 5, 6, 7, 8}
```
（3）清空集合：使用 clear()方法可以将集合中的所有元素都清除，例如：
```
set1 = {1, 2, 3}set1.clear()print(set1) # 输出 set()
```
（4）判断元素是否存在：使用 in 关键字可以判断一个元素是否在集合中，如果存在则返回 True，否则返回 False。例如：
```
set1 = {1, 2, 3}, print(2 in set1) # 输出 True, print(4 in set1) # 输出 False
```

19. 字典的定义

字典（dict）是可迭代的、通过键（key）来访问元素的可变的容器类型的数据。字典由两部分视图构成：键视图和值视图。键视图不能包含重复的元素，值视图能。在键视图中，键和值是成对出现的。

20. 字典的创建

使用花括号和冒号将键值对括起来，使用逗号分隔开每个键值对即可创建一个字典形如{key1: value1, key2: value2, ..., key_n: value_n}。另外也可使用 dict()函数来创建字典。注意：
```
dict(zip([102,105,109],['张三', '李四', '王五']))
```

21. 字典的操作

访问字典：通过键来访问字典中的值，如果想要获取一个不存在的键，可以使用 get()方法，并传入一个默认值，这样就可以避免抛出 KeyError 异常。

例如，有字典 my_dict = ('name':'Lucy', age': 18, 'gender': 'female"}, print(my_dict['name']) 可输出 Lucy；print(my_dict.get('phone', 'N/A'))可输出 'N/A'，因为没有 'phone' 键。

添加和更新键值对：使用赋值语句即可添加或更新字典中的键值对。

例如，添加键值对 my_dict['phone'] = '123456789'，更新值 my_dict['name'] = 'Lily'；

删除键值对：使用 del 语句删除键值对，或使用 pop()方法并传入键名来删除键值对，

pop()方法还可以返回被删除的值。

例如，删除键值对 del my_dict['age']，也可以使用 pop()方法 my_dict.pop('gender')。

遍历字典：可以使用 for 循环来遍历字典中的所有键值对。

例如，遍历字典 for key, value in my_dict.items():　print(key, value)。

更新（合并）字典：使用 update()方法将一个字典合并到另一个字典中。

例如，合并字典 d1 = {'a': 1, 'b': 2}，d2 = {'c': 3, 'd': 4}，d1.update(d2)。

获取字典视图：使用 values()方法可以获得所有值的视图，使用 keys()方法可以获得所有键的视图，使用 items()方法可以获得所有键值对的视图，最终返回的都是一个序列。例如：

```
my_dict={'a': 1, 'b': 2, 'c': 3}, values_view=my_dict.values(), keys_view=
my_dict.keys(), items_view=my_dict.items()
```

（二）知识点巩固

1. 下列语句，哪个不能创建一个字典（　　　）。

  A. dict(zip([1,2,3],[4,5,6]))   B. dict([(1,4),(2,5),(3,6)])

  C. {1,2,3}   D. { }

2. 下列关于字典性质描述正确的是（　　　）。

  A. 可以直接根据键对字典进行排序 B. 可以对键进行顺序查找

  C. 键可以重复   D. 值可以重复

3. 下列语句，哪个不能够正确创建一个字典（　　　）。

  A. {[1,2]:1,[3,4]:3}   B. {'john':1,'peter':3}

  C. {1:'john',3:'peter'}   D. {(1,2):1,(3,4):3}

4. 下列语句，哪个不能创建一个集合（　　　）。

  A. set()   B. (1,2,3)   C. set((1,2,3))   D. {1,2,3}

5. 下列语句，哪些不能正确创建一个集合（　　　）。

  A. {{1,2},{3,4}}   B. {(1,2),(3,4)}

  C. {[1,2],[3,4]}   D. {'12','34'}

6. 下列程序的输出结果是（　　　）。

```
a=[1,2,3]
print(a*2)
```

  A. [2,4,6]   B. [1, 2, 3, 1, 2, 3]

  C. [11, 22, 33]   D. 程序出错

7. 下列方法仅适用于列表，而不适用于字符串的是（　　　）。

  A. replace() B. index()   C. find()   D. sort()

8. 输入学生姓名，增加到一个列表 st 中，直到输入的姓名为空为止，最后输出 st。横线中应填入（　　　）。

```
st=[]
while True:
    s=input()
    if s!="#":
        _____
    else:
```

```
        break
print(st)
```

    A. st.insert(s)   B. st.add(s)

    C. st.append(s)   D. s.append(st)

9. 表达式(12,34)+(56)的结果是（   ）。

    A. (12,34,56)   B. [12,34,56]   C. 程序出错   D. (12,34,(56))

10. 元组和列表都支持的方法是（   ）。

    A. append()   B. find()   C. index()   D. remove()

11. 下列语句没有错误的是（   ）。

    A. 'hello'+3   B. 'hello'*3   C. 'hello'*'3'   D. 'hello'-'3'

12. 若 s = 'Hello World'，则执行 s.replace('o', 'b') 后，s 的内容是（   ）。

    A. 'Hellb Wbrld'   B. 'Hellb World'

    C. 'Hello Wbrld'   D. 'Hello World'

13. 给定字符串"homebody"，获取"home"的切片表达式为（   ）。

    A. [:4]   B. [1:5]   C. [0:4]   D. [1:4]

14. 由字符串 s = 'hello world' 获得 'Hello World' 的方法为（   ）。

    A. s.title()   B. s.capitalize()

    C. s.upper()   D. s.isupper()

15. 字符串 s = 'hello world'，则语句 s.count('l') 的输出结果为（   ）。

    A. 0   B. 1   C. 2   D. 3

16. 下列代码的输出结果为（   ）。

```
'{:.4e}'.format(234.56789)
```

    A. '2.3456e+02'   B. '234.5679'

    C. '2.3457e+02'   D. '2.345e+02'

17. 以下代码的输出结果是（   ）。

```
d={}
for i in range(26):
    d[chr(i+ord("A"))]=chr((i+13)%26+ord("A"))
for c in "Python":
    print(d.get(c, c), end="")
```

    A. PIguba   B. Cabugl   C. Python   D. Cython

18. 以下代码的输出结果是（   ）。

```
d={"大海":"蓝色","天空":"灰色","大地":"黑色"}
print(d["大地"], d.get("天空", "黄色"))
```

    A. 黑色 黑色   B. 黑色 黄色   C. 蓝色 黑色   D. 黑色 灰色

19. 以下选项，正确的是（   ）。

    A. 序列类型是一维元素向量，元素之间存在先后关系，通过序号访问

    B. 序列类型可以分为 3 类：字符串、字典和列表

    C. 表示单一数据的类型被称为组合数据类型

    D. Python 的 str、dict、tuple 和 list 类型都属于序列类型

20. 以下关于列表变量 ls 操作的描述中，错误的是（　　　）。

A. ls.copy():生成一个新列表，复制 ls 的所有元素

B. ls.append(x)在 ls 最后增加一个元素

C. ls.remove(x):删除 ls 中所有的 x 元素

D. ls.reverse():反转列表 ls 所有元素

21. 元组变量 t=("cat","dog","tiger","human"),t[::-1]的结果是（　　　）。

A. ("cat","dog","tiger","human")　　　B. ("human","tiger","dog","cat")

C. 运行出错　　　　　　　　　　　　D. ("human")

22. 在 Python 中，将一组数据放在一对_____中即定义一个列表，列表中的元素之间用_____分隔。_____称为列表的长度，可通过_____求得。

23. 列表的 index()方法用于查找指定的值在列表中是否有对应的元素存在，如果存在，则返回_____；否则_____。假设已有列表 ls=['b','a','a','a','c','c']，则表达式 ls.index('a')的值为_____。表达式 ls.count('a')的值为_____，表达式 ls.count('d')的值为_____。

24. 列表的_____方法可以用于对列表元素进行排序，参数_____的值决定了排序方式，其值为 True 表示_____，参数默认值为_____。假设已有列表 ls=[4,1,3,5,2]，执行表达式 ls.sort(reverse=True)后，列表 ls 的值为_____。

25. 列表的 copy()方法用于创建已有列表的一个备份，该过程称为_____（深拷贝/浅拷贝）。假设已有列表 a=[3,4,5]，则执行语句 b=a.copy()后，b 的值为_____。执行语句 b[1]=1 后，b 的值_____，a 的值为_____。

26. 元组与列表唯一区别是元组的元素_____（可以/不可以）改变，列表的元素_____（可以/不可以）改变。因此，凡是可用于列表且不会改变列表元素的方法和函数也同样适用于元组。

27. 列表和元组属于序列类型，而字典属于_____类型。列表和元组的索引是指其每个元素对应的位置编号，而字典的索引则是根据字典中的_____。字典中的元素是_____（有序/无序）的。

28. 字典的键具有_____性。同一个字典中_____（允许/不允许）出现相同的键，不同的键允许出现_____（相同/不相同）的值。

29. 字典中的键必须是_____（可变/不可变）类型。列表_____（可以/不可以）作为字典的键。

30. 创建空字典的方法有两种：_____和_____。

31. 字典中的键_____（能/不能）修改，只能_____。

32. 在字典中修改指定键所对应的值或新增键值对，都可以通过表达式_____完成。

33. 字典的_____方法可以得到字典中的所有键，_____方法可以得到字典中所有的值，_____方法可以得到字典中所有的键值对。

34. 字典的 del 命令和 clear()方法作用于字典本身时，区别是_____。

35. 字典是无序的，因此它本身_____（有/没有）sort()方法。如果需要对字典进行排序，可使用_____函数。

36. 当 in 和 not in 作用于字典时，判断的是_____是否存在于字典中。

37. 定义一个空集合使用_____，集合既不是序列类型，也不是映射类型。集合中

的元素_____（有序/无序），可以_____（重复/不重复）。

38. 集合不可以使用索引访问，因为集合(set)是无序的，但是集合可以被迭代。集合中的元素必须是可以 hash 的类型，因此不能有_____和_____类型的元素。

三、实验内容

上机题 1：输入以下程序代码并运行，写出程序运行结果。

```
>>> str1='abcd12345'
>>> ls=list(str1)
>>> ls                  # 输出['a', 'b', 'c', 'd', '1', '2', '3', '4', '5']
>>> ls[3]               # 输出"d"
>>> ls[-3]              # 输出"3"
>>> ls[2:5]             # 输出['c', 'd', '1']
>>> ls[2:8:2]           # 输出['c', '1', '3']
>>> ls[2:]              # 输出['c', 'd', '1', '2', '3', '4', '5']
>>> ls[:3]              # 输出['a', 'b', 'c']
>>> ls[1:-2]            # 输出['b', 'c', 'd', '1', '2', '3']
>>> ls[:-4]             # 输出['a', 'b', 'c', 'd', '1']
>>> ls[:3:3]            # 输出['a']
>>> ls[0::2]            # 输出['a', 'c', '1', '3', '5']
>>> ls[::-1]            # 输出['5', '4', '3', '2', '1', 'd', 'c', 'b', 'a']
>>> ls[1:-1][-1]        # 输出'4'
>>> ls[::-1][0::2]      # 输出['5', '3', '1', 'c', 'a']
```

上机题 2：输入以下程序代码并运行，记录程序运行结果。

```
>>> ls=['1', '2', '3', '4', '5']
>>> ls[0]='hello'
>>> ls                  # 输出['hello', '2', '3', '4', '5']
>>> ls[-3]=False
>>> ls                  # 输出['hello', '2', False, '4', '5']
>>> ls[2:4]=[1,2]
>>> ls                  # 输出['hello', '2', 1, 2, '5']
>>> ls[2:]='world'
>>> ls                  #输出['hello', '2', 'w', 'o', 'r', 'l', 'd']
>>> ls[2:]=['world']
>>> ls                  # 输出['hello', '2', 'world']
>>> ls[:3:3]            # 输出['hello']
>>> ls[0::2]            # 输出['hello', 'world']
>>> ls[::-1]            # 输出['world', '2', 'hello']
>>> ls[1:-1][-1]        # 输出'2'
>>> ls[::-1][0::2]      # 输出['world', 'hello']
>>> ls[2:]=32           # 输出TypeError: can only assign an iterable
```

上机题 3：输入以下程序代码并运行，记录程序运行结果。

```
>>> ls=['张婷', '女', '应用统计专业']
>>> ls.append([2003,8,31])
>>> ls           # 输出['张婷', '女', '应用统计专业', [2003, 8, 31]]
>>> ls.extend([90,86,92])
>>> ls           # 输出['张婷', '女', '应用统计专业', [2003, 8, 31], 90, 86, 92]
>>> ls.insert(0,'10001')
>>> ls           # 输出['10001', '张婷', '女', '应用统计专业', [2003, 8, 31], 90, 86, 92]
>>> ls+[95,88]
#输出['10001', '张婷', '女', '应用统计专业', [2003, 8, 31], 90, 86, 92, 95, 88]
>>> myls=[['banana', 'yellow'], ['strawberry', 'red'], ['grape', 'purple']]
>>> newls=myls
>>> newls        # 输出[['banana', 'yellow'], ['strawberry', 'red'], ['grape', 'purple']]
>>> copyls=myls.copy()
>>> copyls       # 输出[['banana', 'yellow'], ['strawberry', 'red'], ['grape', 'purple']]
>>> sls=myls[:]
>>> sls          # 输出[['banana', 'yellow'], ['strawberry', 'red'], ['grape', 'purple']]
>>> myls[0]=['watermelon', 'red']
>>> myls         # 输出[['watermelon','red'],['strawberry','red'],['grape', 'purple']]
>>> newls        # 输出[['watermelon','red'],['strawberry','red'],['grape', 'purple']]
>>> sls          # 输出[['banana', 'yellow'], ['strawberry', 'red'], ['grape', 'purple']]
>>> copyls       # 输出[['banana', 'yellow'], ['strawberry', 'red'], ['grape', 'purple']]
>>> #newls与myls改变了，而copyls和sls没变
>>> myls=[('banana', 'yellow'), ('strawberry', 'red'), ('grape', 'purple')]
>>> myls[2][1]='red' # 输出TypeError: 'tuple' object does not support item
assignment
```

上机题 4：输入以下程序代码并运行，记录程序运行结果。

```
>>> dt={'壶承':180,'茶杯':50,'花瓶':450}
>>> type(dt)              # 输出<class 'dict'>
>>> dt['盖碗']=150        # 输出{'壶承': 180, '茶杯': 50, '花瓶': 450, '盖碗': 150}
>>> '公道杯' in dt        # 输出False
>>> '盖碗' in dt          # 输出True
>>> dt.pop('茶杯')        # 输出50
>>> dt                    # 输出{'壶承': 180, '花瓶': 450, '盖碗': 150}
>>> dt.get('壶承')        # 输出180
>>> dt.clear()
>>> dt                    # 输出{}
>>> dt={'绘瓷技法': ['青花', '粉彩', '新彩'], '烧练': ['气窑', '柴窑'],
'高度': [21, 45]}
>>> dt['绘瓷技法']        # 输出['青花', '粉彩', '新彩']
```

```
>>> list(dt.keys())          # 输出['绘瓷技法', '烧练', '高度']
>>> list(dt.values())
#输出[['青花', '粉彩', '新彩'], ['气窑', '柴窑'], [21, 45]]
>>> dt['烧练'][1]             # 输出'柴窑'
>>> dt['烧练'][1:]            # 输出['柴窑']
>>> dt={'绘瓷技法': {'青花':12, '粉彩':10, '新彩':8}, '烧练': {'气窑':18,
'柴窑':21}, '高度': {21:8, 45:5}}
>>> dt['高度']               # 输出{21: 8, 45: 5}
>>> dt['烧练']['气窑']        # 输出18
>>> mydt=dt['绘瓷技法']
>>> sorted(mydt)             # 输出['新彩', '粉彩', '青花']
>>> sorted(mydt.items() )    # 输出[('新彩', 8), ('粉彩', 10), ('青花', 12)]
>>> sorted(mydt)             # 输出['新彩', '粉彩', '青花']
>>> sorted(mydt.values())    # 输出[8, 10, 12]
>>> lst=[(v,k) for k,v in dt.items()]
# 输出[({'青花': 12, '粉彩': 10, '新彩': 8}, '绘瓷技法'), ({'气窑': 18, '柴窑': 21},
'烧练'), ({21: 8, 45: 5}, '高度')]
>>> lst.sort()
# 输出TypeError: '<' not supported between instances of 'dict' and 'dict'
>>> dict(list)               # 输出TypeError: unhashable type: 'dict'
```

上机题 5：当 dt={'语文':103,'数学':50,'英语':120}时，上机验证表中程序并填写结果。

程序	运行结果
for k in dt.keys(): print(k,end=',')	
for k in dt.values(): print(k,end=',')	
for k,v in dt.items(): print(k+'：'+str(v),end=',')	
for k,v in dt: print(k+'：'+str(v),end=',')	

上机题 6：当 ls=[1,2,3,4,5]时，上机验证表中程序并填写结果。

程序	运行结果
for x in ls: x+=1 print(ls)	
for i in range(len(ls)): ls[i]+=1 print(ls)	

续上表

程序	运行结果
length=0 for x in ls: length+=1 print(length)	

count=0
for i in ls:
　　if i==2:
　　　　count+=1
print(count)	

上机题 7：已知 s1={2,3,5,6}，s2={1,2,3,4,5}，s3={2,3,5}上机验证表中语句并填写结果。

语句	运行结果
s1 & s2	
s1 ^ 2	
s1 – s2	
s2 – s1	
s1>=s3	
s3.add(6) s3	
s2<s3	
s3.add((7,8)) s3	
s3.remove(2) s3	
s3.clear() s3	
s3.add([7,8]) s3	

上机题 8：编写一个能转换日期格式的小程序。
输入一个数字的日期格式：
2020/1/29
转换为美式格式和英式格式。

【提示】

（1）英式日期格式：日　月　年，如 8 March,2004（英式）。

（2）美式日期格式：月　日　年，如 March 8,2004（美式）。

（3）使用元组保存月份的名称。

（4）年份不一定是 4 位。

测试用例：

测试输入：

预期输出：

英式格式29 January,2020
美式格式January 29,2020

上机题 9：编写一个计算购买饮品金额的小程序。某奶茶店的各饮品的名称和价格如图 10-1 所示，编程实现首先显示所有饮品的名称和价格，然后循环输入饮品的序号和数量，直到输入序号为 0。系统输出总计的金额，运行结果如图 10-2 所示。

悠哉悠哉	18
人间烟火	17
蔓越阑珊	17
抹茶葡提	16
幽兰拿铁	16
翠翠	13
浮生半日	15
筝筝纸鸢	16
声声乌龙	15
风栖绿桂	12
素颜锡兰	13
烟火易冷	15

```
1悠哉悠哉18
2人间烟火17
3蔓越阑珊17
4抹茶葡提16
5幽兰拿铁16
6 翠翠13
7浮生半日15
8筝筝纸鸢16
9声声乌龙15
10风栖绿桂12
11素颜锡兰13
12烟火易冷15
请选择饮品5
请输入数量1
请选择饮品9
请输入数量2
请选择饮品0
应付46元
```

图10-1　各饮品的名称和价格　　　　图10-2　程序运行结果

【提示】

（1）对元组的各个值循环：依次取出元组的各个值，如[循环体 for 变量 in 元组]。

（2）访问二维元组的值：访问元组的 i 行 j 列的值，如元组[i][j]。

（3）序号输出 2 位长度。

（4）要求能循环输入饮品的编号和价格。

（5）一旦输入饮品编号 0 则退出循环（该次不再输入数量）。

测试用例：

测试输入：

请选择饮品5
请输入数量1
请选择饮品9
请输入数量2
请选择饮品0

预期输出：

应付46元

上机题 10：编写一个判断输入的英文句子是否是每个英文字母起码出现一次的小程序。

英文中有一种句子，句子中所有英文每个字母至少出现一次，例如，The quick brown fox jumps over the lazy dog。编写一个程序，用来检查一个英文句子是否是符合这个条件，是则显示 True，否则显示 False。

【提示】

（1）设置集合为空集合：jh=set()。

（2）集合 jh 增加一个元素 x：jh.add(x)。

（3）集合元素的个数：len(jh)。

（4）输入的字符串里面可能有数字字符、标点符号、大小写英文字母等。

测试用例：

测试输入 1：

The quick brown fox jumps over the lazy dog.↙

预期输出 1：

True

测试输入 2：

Yor are welcome.↙

预期输出 2：

False

上机题 **11**：斐波那契数列（fibonacci sequence），又称黄金分割数列，因数学家莱昂纳多·斐波那契以兔子繁殖示例引入，又称为"兔子数列"，指的是这样的数列：0、1、1、2、3、5、8、13、21、34、……。试编写程序，利用列表计算斐波那契数列前 20 项，并输出。

【提示】

（1）创建列表 ls=[1,1]。

（2）依次计算列表的第 3 ~ 20 项元素。

上机题 **12**：假设有三个列表：Iswho=["小马", "小羊", "小鹿,Istwhere=["草地上", "电影院", "家里", Iswhat=["看电影", "听故事", "吃晚饭"]。写出所有造句结果。

【提示】随机生成三个 0~2 之间的整数，并将其作为索引访问列表。

测试用例：

测试输入：

随机生成三个整数，如1，0，2

预期输出：

"小羊在草地上吃晚饭"

上机题 **13**：student=["001", "张婷", 19, "002", "腾爽", 20, "003", "廖艳", 18]，依次存放了每位学生的学号、姓名和年龄，试编写程序，实现以下功能：

（1）在列表末尾添加学号 004，姓名 孙宁，年龄 20 和学号 006，姓名 梁超，年龄 19 两位同学。

（2）在列表适当的位置添加学号 005，姓名 林丹，年龄 20 的学生信息。

（3）输出学号为 003 的学生信息。

（4）输出所有学生的姓名。

（5）输出所有学生的平均年龄。

【提示】

（1）用 append()方法添加数据。

（2）用循环遍历每个列表的元素，是整型数据就相加求和。

上机题 **14**：假设列表 lst=[["李欢", "男", 25], ["金强", "男", 32], ["赵妍", "女", 21], ["胡欣", "女", 24], ["沈昆", "男", 28]]，存放了某单位每个员工的基本信息(包括

姓名、性别和年龄）。试编写程序，实现将以下用户要求的员工信息从列表删除。

（1）需要删除的员工姓名由用户输入。

（2）若用户输入的员工姓名在列表中存在，则执行删除操作，若不存在，则给出相应的提示。

（3）程序可循环执行，当用户输入姓名为"0"时，循环结束。

【提示】

（1）用 in 判断是否在列表元素中。

（2）del 可以删除列表元素。

（3）循环结束可用语句 break。

测试用例：

测试输入：

李欢✓

预期输出：

[['金强', '男', 32], ['赵妍', '女', 21], ['胡欣', '女', 24], ['沈昆', '男', 28]]

上机题 15：假设列表 lis=[1,3,5,7,9]和列表 lst=[2,4,6,8,10]。试编写程序，将两个列表合并成一个新的列表，并将新列表按照元素的大小降序排列，并且不改变列表 lis 和 lst 的元素。

【提示】

（1）列表合并可以使用 extend()。

（2）sorted()可以排序。

上机题 16：编写程序，对用户输入的英文字符串中出现的英文字母进行提取(不区分大小写，重复字母只记一次)，并将提取的结果按照字母表升序排列后输出。

【提示】

（1）在提取英文字母前，首先要将用户输入的字符串中的英文字母统一转换成大写或小写的形式。

（2）创建空列表，用于存放字符串中出现的英文字母。

（3）对用户输入的字符串进行遍历，将其中出现的英文字母依次添加至列表中。添加时需要对该字母在列表中是否已存在进行判断。

（4）对列表中的元素进行排序。

测试用例：

测试输入：

I miss you✓

预期输出：

'i,m,o,s,u,y'或'I,M,O,S,U.Y'

上机题 17：编写程序，生成一个包含 10 个两位随机整数的列表，将其前 5 个元素升序排列，后 5 个元素降序排列。

【提示】

（1）可以使用两种方法生成10个两位随机整数：random 库中的 randint()函数或 sample()函数。

（2）利用切片方法把列表分为前 5 个和后 5 个元素组成的列表。

上机题 18：假设已有列表 floor=[1,4,2,5,7,3]，存放了某电梯在一段时间内经过的楼层。试编写程序，实现以下功能。

1. 输出电梯的运行路线("↑"表示上行一层，"↓"表示下行一层)，结果如下：↑ ↑ ↑ ↓ ↓ ↑ ↑ ↑ ↑ ↑ ↑ ↓ ↓ ↓ ↓

【提示】

方法一：通过索引对列表元素进行遍历，将前后两个元素的值进行大小比较，根据比较结果确定输出"↑"或"↓"，可使用"*"运算符控制输出字符的个数。如 print("↑"*3)，表示连续输出 3 个"↑"。

方法二：对原列表进行切片，分别获取前 n−1 个元素和后 n−1 个元素（n 表示列表长度），通过 zip()方法将两个新列表合并成一个列表。例如：

```
list(zip(lst_floor[:-1], lst_floor[1:]))
```

结果为[(1,4),(4,2),(2, 5),(5,7),(7,3)]。其中每个元素为一个元组，表示原列表中前后楼层的值对。对该列表元素进行遍历，根据每个元组中两个值的大小比较结果确定输出"↑"或"↓"以及其个数。

测试用例：

预期输出：

↑ ↑ ↑ ↓ ↓ ↑ ↑ ↑ ↑ ↑ ↑ ↓ ↓ ↓ ↓↙

假设运行路线为↑↑↓↓↓↑↑↓↑↑↑↑，且已知初始楼层为 2 楼，输出经过的各楼层，结果如下：2, 3, 4, 3, 2, 1, 2, 3, 2, 3, 4, 5, 6

【提示】创建一个列表，用于存放所有经过的楼层，初始内容为[2]。对字符串"↑↑↓↓↓↑↑↓↑↑↑↑"中的字符进行遍历，如果为"↑"，则楼层增加 1，如果为"↓"，则楼层减 1，并将计算结果添加至列表。

测试用例：

测试输入：

↑↑↓↓↓↑↑↓↑↑↑↑↙

预期输出：

```
2, 3, 4, 3, 2, 1, 2, 3, 2, 3, 4, 5, 6
```

上机题 19：假设已有列表 lst_sides = [3,4,5,6,6,6,6,4,4,3]，依次存放了 3 个三角形的三条边长。试编写程序，利用海伦公式计算每个三角形的面积，并将结果存入列表 lst_area。

【提示】

（1）海伦公式为 $s=\sqrt{p(p-a)(p-b)(p-c)}$，其中 s 为三角形面积，a，b，c 为三角形的三条边长，p 为周长的一半。

（2）三角形的三条边长可通过表达式 lst_sides[i:i+3]获得，其中 i 表示每个三角形第一条边长的起始索引。

测试用例：

预期输出：

```
[36.0, 243.0, 30.9375]
```

上机题 20：假设有字符串 s="语文：83，数学：72，英语：78，物理：90，化学：80，美术：70"，存放了某个学生各科的期末考试成绩。试编程，计算该学生所有科目的总分和平均分（保留两位小数）。

【提示】

（1）可使用 split() 方法提取字符串 s 中每门课程的信息（包括课程名和分数）。

（2）对提取的结果列表进行遍历，提取每门课程的分数。

（3）对分数进行计算。

测试用例：

预期输出：

> 语文: 83, 数学: 72, 英语: 78, 物理: 90, 化学: 80, 美术: 70
> 总分: 473, 平均分: 78.33

上机题 21： 假设已有列表 ls=[('三角形', '形状'), ('红色', '颜色'), ('圆形', '形状'), ('黄色', '颜色'), ('蓝色', '颜色'), ('矩形', '形状')]，其中每个元素都是一个元组。元组中的每一个元素表示值，第二个元素表示标签。试编写程序，完成以下功能：

（1）将列表 ls 中的元素按照标签排序后输出。

（2）将所有的颜色值从列表 ls 中提取出来，存入列表 lscolors，并将该列表输出。

【提示】

（1）可以先使用列表生成式交换每个元素中值和标签的位置，再使用 sorted() 函数对交换后的列表进行排序。

（2）使用带条件的列表生成式从列表中提取元素。如[x[1] for x in ls if x[0]=='color']。

测试用例：

预期输出：

> 按照标签排序后的列表是：[['形状', '三角形'], ['形状', '圆形'], ['形状', '矩形'], ['颜色', '红色'], ['颜色', '蓝色'], ['颜色', '黄色']]
> 颜色列表：['红色', '蓝色', '黄色']

上机题 22： 学校举办朗读比赛，邀请了 10 位评委为每一名参赛选手的表现打分，假设 score=[7,6,8,9,10,8,9,10,7,8]，存放了某一位参赛选手的所有评委打分。试编写程序，根据以下规则计算该参赛选手的最终得分：

（1）去掉一个最高分。

（2）去掉一个最低分。

（3）最终得分为剩下的 8 个分数的平均值。

【提示】

（1）使用 sort() 方法对列表进行升序或降序排序。

（2）使用 pop() 方法或 del 命令删除一个最高分。

（3）使用 pop() 方法或 del 命令删除一个最低分。

（4）使用内置的 sum() 函数计算列表剩余元素之和。

测试用例：

预期输出：

> 该选手的最终得分为：8.25

上机题 23：编写程序，实现以下功能：

（1）创建空字典 dic_student。

（2）由用户依次录入五名学生的姓名、年龄、身高和体重，存入字典 dic_student，将姓名作为键，年龄、身高和体重作为值。

（3）输出字典 dic_student 的内容，格式为

张建 18 172cm 80kg

赵云 19 165cm 55kg

夏雨 18 178cm 82kg

刘文 17 169cm 75kg

姜浩 19 170cm 70kg

【提示】利用 for 循环依次通过 input()函数输入学生的姓名、年龄、身高和体重。

测试用例：

测试输入：

```
张建 18 172cm 80kg↙
赵云 19 165cm 55kg↙
夏雨 18 178cm 82kg↙
刘文 17 169cm 75kg↙
姜浩 19 170cm 70kg↙
```

预期输出：

```
张建 18 172cm 80kg
赵云 19 165cm 55kg
夏雨 18 178cm 82kg
刘文 17 169cm 75kg
姜浩 19 170cm 70kg
```

上机题 24：编写程序，实现以下功能：

（1）创建空字典 dic_student。

（2）由用户依次录入五名学生的班级、姓名、年龄、性别，存入字典 dic_student，将班级和姓名作为键，年龄、性别作为值。

（3）输出字典 dic_student 的内容，格式为

一班 张建 18 男

一班 赵云 19 女

一班 夏雨 18 女

二班 刘文 17 女

二班 姜浩 19 男

【提示】

（1）利用 for 循环依次通过 input()函数输入学生的班级、姓名、年龄和性别。

（2）键是不可以变的，可以考虑使用元组来表示班级和姓名。

（3）值是可以变的，因此年龄和性别可考虑使用列表表示。

测试用例：

测试输入：

一班	张建	18	男↙
一班	赵云	19	女↙
一班	夏雨	18	女↙
二班	刘文	17	女↙
二班	姜浩	19	男↙

预期输出：

```
("一班", "张建"): [18, "男"]
("一班", "赵云"): [19, "女"]
("一班", "夏雨"): [18, "女"]
("二班", "刘文"): [17, "女"]
("二班", "姜浩"): [19, "男"]
```

上机题 25：某公司年终要发年终奖。列表 staff 中存放了所有员工的名单，内容为["李放", "张磊", "丰妍", "宋诺", "刘云"]。字典 award 中存放了对公司有杰出贡献的员工名单及奖金金额，内容为["张磊": 9000, "宋诺": 12000]，award 中未包含的员工年终奖金额为 5 000 元/人，试编程序输出每位员工应发年终奖金额。

测试用例：

预期输出：

```
李放年终奖：5000元
张磊年终奖：9000元
丰妍年终奖：5000元
宋诺年终奖：12000元
刘云年终奖：5000元
```

上机题 26：编写一个计算职工工资的小程序。列表 zg 中存储了员工的姓名、基本工资、分公司和部门信息，格式为（逗号分隔）

Mike，9200，北京，销售部

各分公司的津贴标准如下：北京 5 000 上海 4 000 广州 3 000。

各部门的津贴标准如下：销售部 2 000 经理室 3 000 财会部 1 000。

计算每位员工的工资：基本工资加上分公司津贴和部门津贴。

【提示】

（1）可以分别用两个字典存放津贴。

（2）将每位员工的姓名和工资存放到列表 yfgz 中再按工资的降序排列，并显示出来。

（3）每行的显示格式为姓名 harry 工资 16 700。

测试用例：

测试输入：

```
mike,9200,北京,销售部↙
harry,8700,北京,经理室↙
henry,4300,北京,财会部↙
```

tony,6600,上海,销售部↙

tom,7400,上海,财会部↙

rachel,5200,上海,财会部↙

jerry,6500,广州,销售部↙

andy,7600,广州,销售部↙

rose,6700,北京,财会部↙

预期输出：

姓名harry工资16700

姓名mike工资16200

姓名rose工资12700

姓名tony工资12600

姓名andy工资12600

姓名tom工资12400

姓名jerry工资11500

姓名henry工资10300

姓名rachel工资10200

上机题 27：某网站可以充值影视会员和体育会员。影视会员为影视黄金会员（会费199）和影视星钻会员（会费399），而体育会员则有体育大众会员（会费98）和体育专业会员（会费198）。会员名单如下：

张飞，影视黄金会员，体育大众会员

李闯，影视黄金会员，非体育会员

阮五，影视星钻会员，体育专业会员

赵云，非影视会员，体育大众会员

阎七，影视星钻会员，非体育会员

刘八，影视黄金会员，体育大众会员

林九，非影视会员，体育大众会员

宋十，影视黄金会员，体育大众会员

现要求编写一个能计算会员会费的小程序，要求显示每人的姓名和会费。

【提示】使用字典来存放不同的会费标准。

测试用例：

预期输出：

张飞 297

李闯 199

阮五 597

赵云 98

阎七 399

刘八 297

林九 98

宋十 297

上机题 28：编写一个能统计候选人票数的小程序，实现多人对若干个候选人投票。计算每个候选人的得票数，按从高到低显示名次、姓名、票数。

【提示】循环输入候选人的名字，将其存入到列表 tp 中，直到输入 end 为止。

测试用例：

测试输入：

```
li↙
zhang↙
wang↙
li↙
li↙
zhang↙
zhang↙
wang↙
li↙
li↙
end↙
```

预期输出：

```
第1名姓名li票数5
第2名姓名zhang票数3
第3名姓名wang票数2
```

上机题 29：恺撒密码（caesar cipher）是一种最简单且最广为人知的加密技术。它是把明文中的所有字母按照字母表的顺序向后（或向前）按照一个固定数目进行偏移后替换成密文。例如，当偏移数为 4 时，字母 a 将被替换成 e，b 变成 f，x 变成 b，以此类推。试编写程序，实现以下功能：

（1）提醒用户输入偏移数目，自动生成字母映射字典。例如，当用户输入偏移数目为 4 时，生成字典内容为{'a':'e','b':'f','c':'g',…,'w':'a','x':'b','y':'c','z':'d'}。

（2）提醒用户输入明文，根据字典映射关系对明文进行加密，并将密文输出。

【提示】

（1）chr()函数：返回当前 Unicode 码所对应的字符，返回值为字符串形式。如输入 chr(122)，输出为'z'。

（2）ord()函数：返回对应字符的 Unicode 整数编码值。如输入 ord('a')，输出 97。

（3）字典的键为 26 个字母，可通过表达式 chr(ord('a')=i)(i=0,1,…，25)获取每个键。

（4）字典的值为每个键进行偏移后的字母。

测试用例：

测试输入：

```
请输入偏移量：4↙
请输入明文：hello↙
```

预期输出：

```
Lipps
```

实验十一

Python 面向对象

一、实验目的

①理解面向对象程序设计的思想。
②掌握类的定义。
③掌握对象的创建和使用。
④掌握属性和方法的访问控制、类属性和实例属性、类的方法。
⑤掌握继承、多重继承、多态。
⑥掌握面向对象程序设计的综合应用。

二、实验准备

（一）知识点回顾

1. 面向对象程序设计

面向对象程序设计（object oriented programming，OOP）是一种编程思想和方法，它将数据和操作封装在一起，形成一个对象，通过对象之间的交互来实现程序的功能。OOP 达到了软件工程的三个主要目标：重用性、灵活性和扩展性。OOP=对象+类+继承+多态+消息，其中核心概念是类和对象。面向对象程序设计的特点是继承、封装和多态性。继承是指子类可以继承父类的方法和属性，从而减少代码的重复性。封装是指将数据和操作封装在一个对象中，对外部隐藏实现细节，提高了程序的安全性和可维护性。多态性是指同一个方法可以被不同的对象调用，从而实现了灵活性和可扩展性。

2. Python 面向对象程序设计的基本概念

Python 是一种面向对象的编程语言，它将数据和函数封装在"类"中，在具体的应用中，Python 将 OOP 应用于代码的组织和实现，这使得 Python 编写的程序更加有条理，易维护、易调试，并且能够提高代码的可重用性和可扩展性。Python 中的类具有属性和方法两个主要成员，方法是指类函数，属性是指类变量。通过 Python 面向对象程序设计，可以解决复杂的问题，从而实现更高效的编程。

3．Python 面向对象程序设计的应用

Python 面向对象程序设计的一个基本应用场景是创建类库，以便更高效地重用代码和将代码模块化。在具体的应用中，Python 面向对象程序设计可以被用于创建复杂的数据结构、模拟物理系统、实现机器学习模型和为 Web 应用创建 RESTful API 等。在机器学习领域，Python 常用于数据处理、训练模型和测试模型。在这种情况下，Python 面向对象程序设计可以被用于创建自定义的数据结构和算法，从而更好地解决机器学习中的问题。Python 面向对象程序设计还可以被用于创建 Web 应用，例如，使用 Django 框架，可以更好地管理 Web 应用程序，使其更加规范、可重用、可扩展和可维护。

4．Python 面向对象程序设计的发展

Python 面向对象程序设计在机器学习、Web 应用开发、自动化脚本编写等领域应用广泛，并在这些领域中发挥着越来越重要的作用。在未来，Python 面向对象程序设计仍然会继续得到广泛的应用。这是因为 Python 面向对象程序设计本身的高度可重用性和可扩展性，以及 Python 语言的功能逐渐增强使其更加完美。同时，Python 编程语言的高性能和运行效率也能有效应对不同时代应用程序开发的需求。

5．类的定义

在 Python 中，类是描述对象的模板，它包含了属性和方法。可以使用 class 关键字来定义一个类。下面是一个简单的例子：

```
class Person:
    def__init__(self, name, age):
        self.name=name
        self.age=age
    def say_hello(self):
        print(f"Hello, my name is {self.name}. I am {self.age} years old.")
```

使用 class 关键字定义了一个名为 Person 的类。然后在这个类中定义了一个构造函数 __init__()，该函数有两个参数，name 和 age，用于初始化对象的属性。可以通过以下方式创建一个 Person 对象：

```
person=Person("Tom", 20)
```

还定义了一个名为 say_hello() 的方法。该方法使用了 self 参数，这个参数代表调用这个方法的对象。使用这个参数，我们可以访问这个对象的属性和方法。在这个例子中，通过调用 say_hello() 方法，对象会输出一个问候语。

6．对象

（1）对象的概念。

对象是类的具体表现形式，是实际存在的个体（类是一系列事物的统称）。

（2）创建对象语法格式：

```
对象名=类名()
```

（3）注意事项。

对象的创建不限制数量，一个类可以创建任意个数的对象。

7. 成员变量

（1）成员变量的概念。

成员变量用于描述对象的固有状态或属性。

（2）定义成员变量语法格式（公有属性/公有变量）：

```
class 类名：
    def __init__(self)：
        self.变量名1=值1
        self.变量名2=None
```

（3）成员变量定义语法格式（独有属性/独有变量）：

```
对象名.变量名 = 值
```

（4）公有变量与独有变量的区别：

- 公有变量在__init__()方法中声明，每个对象都具有该变量。
- 独有变量在创建对象后声明，只有当前对象具有此变量。
- 定义对象的独有变量时，如果独有变量名与公有变量名相同，视为修改公有变量的值；如果独有变量名与公有变量名不相同，视为定义新的独有属性。
- None 含义是为空，表示没有具体的数据。

（5）变量的调用格式。

取值：

```
对象名.变量名
赋值：
对象名.变量名=值
```

8. 成员方法

（1）成员方法概念。

成员方法用于描述对象的固有行为。

（2）定义成员方法语法格式。

格式一（无参方法）：

```
class 类名：
    def 方法名(self)：
    方法体
```

格式二（有参方法）：

```
class 类名：
    def 方法名(self,形参1,形参2,...)：
    方法体
```

（3）调用成员方法语法格式。

格式一（调用无参方法）：

```
对象名.方法名()
```

格式二（调用有参方法）：

```
对象名.方法名(实参1,实参2,...)
```

9. 类的继承

继承是面向对象编程中的重要概念之一。在 Python 中，可以使用继承来创建一个基类，并通过继承来从基类派生出其他的类。派生类继承了基类的属性和方法，同时还可以添加自己的属性和方法。下面是一个例子：

```python
class Student(Person):
    def __init__(self, name, age, gender):
        super().__init__(name, age)
        self.gender=gender
    def say_hello(self):
        print(f"Hello,my name is {self.name}. I am {self.age} years old and
I am a {self.gender} student.")
```

在这个例子中，定义了一个名为 Student 的类，它从 Person 类继承。在 Student 类中，重新定义了构造函数 __init__()，该函数使用了 super() 函数调用了基类的构造函数，然后再添加一个名为 gender 的属性。在 Student 类中，还定义了一个名为 say_hello() 的方法，与 Person 类中的 say_hello() 方法不同的是，该方法增加了一个 gender 参数，并在输出问候语时使用了 gender 属性。

因为 Student 类是从 Person 类继承而来的，所以它虽然有自己的构造函数和 say_hello() 方法，但也同时继承了 Person 类的属性和方法。可以使用以下方式创建一个 Student 对象：

```python
student=Student("Lucy", 18, "female")
```

此时，student 对象既包含了 Person 类中的属性和方法，也包含了 Student 类中的属性和方法。

10. 多态性

多态性是面向对象编程的重要概念之一。在 Python 中，多态性可以通过重写方法来实现。例如：

```python
class Animal:
    def __init__(self, name):
        self.name=name
    def make_sound(self):
        pass
class Dog(Animal):
    def make_sound(self):
        print("Bark!")
class Cat(Animal):
    def make_sound(self):
        print("Meow!")
```

在这个例子中，定义了一个 Animal 类和两个继承自 Animal 类的派生类，Dog 和 Cat。Animal 类中定义了一个名为 make_sound() 的方法，但这个方法没有实现任何功能。Dog 类和 Cat 类分别覆盖了 Animal 类中的 make_sound() 方法，并分别实现了不同的功能。当我们创建 Dog 对象和 Cat 对象，并分别调用它们的 make_sound() 方法时，我们可以看到不同的输出结果：

```
dog=Dog("Max")
cat=Cat("Lucy")
dog.make_sound()        # Bark!
cat.make_sound()        # Meow!
```

这就是多态性的体现。尽管 Dog 和 Cat 两个类都从 Animal 类继承而来，但它们具有不同的行为。

11．面向对象编程的最佳实践方法

在面向对象编程中，有一些最佳实践方法可以帮助我们更好地设计和实现类。以下是一些面向对象编程的最佳实践方法：

（1）单一职责原则：每个类应该有单一的职责，即每个类只负责一件事情。

（2）开放-封闭原则：类应该对扩展开放，对修改封闭。即，在添加新功能时，不需要修改原有的代码。

（3）李氏替换原则：如果一个函数接受一个基类对象作为参数，那么它也应该接受任何继承自该基类的类的对象作为参数。

（4）接口隔离原则：客户端应该不依赖于它们不需要的接口。

（5）依赖反转原则：高层模块不应该依赖于低层模块，它们都应该依赖于抽象。抽象不应该依赖于具体实现，具体实现应该依赖于抽象。

（6）组合优于继承：应该优先使用组合而不是继承来实现类之间的关系。

（二）知识点巩固

1．如何理解面向对象编程（OOP）？
2．什么是类，什么是对象？
3．类（class）由哪三个部分构成？
4．__ init__()方法有什么作用，如何定义？
5．__ str__()方法有什么作用，使用时应注意什么问题？
6．方法中的"self"代表什么？

三、实验内容

上机题 1：面向对象编程实现以下要求：

（1）定义一个动物类。

（2）使用__init__()方法，在创建某个动物对象时，为其添加 name、age、color、food 等属性，如"熊猫"，5，"黑白"，66，"竹子"。

（3）为动物类定义一个 run()方法，调用 run()方法时打印相关信息，如打印出"熊猫正在奔跑"。

（4）为动物类定义一个 get_age()方法，调用 get_age()方法时打印相关信息，如打印出"这只熊猫今年 5 岁了"。

（5）为动物类定义一个 eat()方法，调用 eat()方法时打印相关信息，如打印出"熊猫正在吃竹子"。

（6）通过动物类分别创建出三种不同种类的动物，分别调用它们的方法，让它们"跑起来"，"吃起来"。

参考程序：

```
classAnimal:
    def__init__(self,name,age,color,food):
        self.name=name            # 为对象设置name属性
        self.age=age              # 为对象设置age属性
        self.color=color          # 为对象设置color属性
        self.food=food            # 为对象设置food属性

    def run(self):               # run方法
        print("%s正在奔跑..."%self.name)

    def get_age(self):           # 打印年龄的方法
        print("这只%s今年%s"%(self.name,str(self.age)))

    def eat(self):               # 吃方法
        print("%s正在吃%s"%(self.name,self.food))

catTom=Animal("Tom",3,"gray","fish")            # 猫
mouseJerry=Animal("Jerry",3,"brown","奶酪")      # 老鼠
watchdog=Animal("旺财",2,"white","meat")         # 狗

tom_cat.run()
tom_cat.get_age()
tom_cat.eat()
```

上机题 2：面向对象编程实现以下要求：

有下面的类属性：姓名、年龄、成绩列表[语文，数学，英语]，其中每门课成绩的类型为整数，类的方法如下所述：

（1）列表项获取学生的姓名 get_name()，返回类型：str。

（2）获取学生的年龄 get_age()，返回类型：int。

（3）返回 3 门科目中最高的分数 get_course()，返回类型：int。类定义好之后，可以定义同学测试如下：

```
zm = Student('zhangming',20,[69,88,100]);
```

返回结果：

```
zhangming 20 100
```

上机题 3：面向对象编程实现：

设计一个 Circle（圆）类，包括圆心位置、半径、颜色等属性。编写构造方法和其他方法，计算周长和面积。请编写程序验证 Circle（圆）类的功能。

上机题 4：面向对象编程实现：

封装一个学生类，有姓名、年龄、性别、英语成绩、数学成绩、语文成绩；求总分，平均分，以及打印输出学生的相关信息。

上机题 5：面向对象编程实现：

设计一个 Person 类，属性有姓名、年龄、性别，创建方法 personInfo()，打印输出这个人的信息；

创建 Student 类，继承 Person 类，属性有学院 college，班级 Group，重写父类 PersonInfo()方法，调用父类方法打印输出个人信息，将学生的学院、班级信息也打印输出出来。

上机题 6： 面向对象编程实现：

定义一个交通工具（vehicle）的类，属性：速度（speed）、体积（size）等等。方法：移动 move()、设置速度 setSpeed(int speed)、加速 speedUp()、减速 speedDown()等等。实例化一个交通工具对象，通过方法初始化 speed、size 的值并且在相关方法中可以打印输出出来；另外调用加速减速的方法对速度进行改变。

四、知识拓展

拓展题 1： 定义表示银行卡和 ATM（自动柜员机）的类，要求 ATM 可以实现读卡、存钱、取钱、转账的功能。

解题思路：

（1）定义一个 card 类：属性：卡号、截止日期、卡的类型。

（2）定义第二个 ATM 类：

①属性：装入一个具备银行卡信息的数据库、声明一个卡的空容器、声明一个存放当前卡信息的容器。

②方法（功能）：

a.读卡：传入卡，通过卡号判断是否在数据库中；输入密码，密码加循环限制输入次数；如果成功 return True，否则 return False；

b.展示余额：如果卡的信息容器不为空，则展示余额信息；

c.存钱：添加限制判断条件，余额累加；

d.取钱：添加限制判断条件，余额累减；

e.转账：传入转账卡卡号信息，及转账金额，本账户余额累减，转入账户余额累加。

f.拔卡：返回卡片初始容器，即退出。

参考程序：

```python
class AccountCard():
    '''创建卡片的静态属性'''
    def __init__(self,card_no,expiry_date,card_type='储蓄卡'):
        self.card_no=card_no
        self.card_type=card_type
        self.expiry_date=expiry_date
    # 格式化输出卡片信息
    def __repr__(self):
        return f'卡号：{self.card_no}  有效日期：{self.expiry_date}  卡类型：{self.card_type}'


class ATM():
    '''创建一个ATM机类，定义静态属性，传入一个账户信息数据库'''
    def __init__(self):
```

```python
        self.accounts={
    '1122334455667788':{'passWord':'123321','balance':12000.0 ,'valid':'True'},
    '1122334455667789':{'passWord':'123456','balance':54321.0,'valid':'True'},
    '1122334455667790':{'passWord':'147258','balance':0.0,'valid':'True'}
        }
    # 声明一个卡片容器属性、一个卡片信息容器属性
    self.current_card=None
    self.current_account=None

def read_card(self,card):
    '''定义一个读取卡片信息的方法'''
    # 判断传入的卡片信息是否在数据库中
    if card.card_no in self.accounts:
        # 将数据库中对应的卡片信息赋值给信息容器
        self.current_account=self.accounts[card.card_no]
        # 密码输入次数限制
        for i in range(3):
            passWord=input('请输入密码: ')
            if passWord==self.current_account['passWord']:
                # 密码正确，则卡片读取成功，返回卡插入成功
                self.current_card=card
                return True
            else:
                print('密码错误! ')
        else:
            print('密码输入次数已经超过三次，已锁卡')
    else:
        print('账户不存在! ')
        return False

def show_blance(self):
    '''定义一个账户余额展示方法'''
    # 判断信息容器是否有信息
    if self.current_account:
        print(f"余额: {self.current_account['balance']}")

def save_money(self,money):
    '''定义存钱的方法'''
    # 加入存钱限制条件
    if self.current_account and money>=100:
        self.current_account['balance']+=money
```

```
            print('存钱成功! ')
            return True
        return False


    def get_money(self,money):
        '''定义一个取钱的方法'''
        # 添加限定条件
        if 100<=money<self.current_account['balance'] and self.current_account:
            self.current_account['balance']-=money
            print('取钱成功! ')
            return True
        return False


    def transfer(self,other_card_no,money):
        '''定义一个转账功能，传入转账卡号，金额'''
        # 添加限制条件
        if self.current_account and other_card_no in self.accounts:
            other_account=self.accounts[other_card_no]
            if money<self.current_account['balance']:
                self.current_account['balance']-=money
                other_account['balance']+=money
                print('转账成功! ')
                return True
            else:
                print('转账金额超限! ')
            return False
        else:
            print('无效账户名')
        return False


    def move_card(self):
        '''拔卡'''
        self.accounts=None
        self.current_account=None


if __name__=='__main__':
    # 准备两张卡片的信息
    card1=AccountCard('1122334455667788','2050-05-11','信用卡')
    card2=AccountCard('1122334455667789','2070-08-29')

    a=ATM()
```

```
# 读取卡片信息
a.read_card(card1)
a.show_blance()
# 存钱并查看
a.save_money(5000)
a.show_blance()
#取钱并查看
a.get_money(8000)
a.show_blance()

# 展示转账后卡2的信息
a.transfer('1122334455667789',6666)
a.read_card(card2)
a.show_blance()
```

拓展题 2：某公司有三种类型的员工，分别是部门经理、程序员和销售员。

其中，部门经理每月固定月薪 15 000 元；

程序员计时支付月薪，每小时 200 元；

销售员按照 1 800 元底薪加上销售额 5%的提成支付月薪。

需求：设计一个工资计算系统，录入员工信息，计算员工的月薪。

参考程序：

```
from abc import ABCMeta, abstractmethod
 class Employee(metaclass=ABCMeta):   # 抽象类不能实例化，但是子类可以继承
   '''继承抽象类'''
   def __init__(self, name):
        self.name=name
  # 将这个方法变成抽象方法，对象不能直接调用，但是子类可以重写这个方法
  @abstractmethod
  def give_salary(self):
     pass
 class Magnaer(Employee):
  '''创建一个部门经理类'''
  def give_salary(self):
    return 15000.00

class Programmer(Employee):
   '''创建一个程序员类，添加一个工作时间属性'''
    def __init__(self, name, work_hour=0):
         super(Programmer, self).__init__(name)
         self.work_hour=work_hour
   def give_salary(self):
       return self.work_hour * 200

class SalesMan(Employee):
   '''创建一个销售员类，添加一个销售额属性'''
```

```
        def __init__(self, name, sales=0):
            super(SalesMan, self).__init__(name)
            self.sales=sales
        def give_salary(self):
            return self.sales*0.05+1800

if __name__=='__main__':
    emps=[Magnaer('曹操'), Programmer('诸葛亮'), Programmer('周瑜'),
Programmer('关羽'), SalesMan('大乔'), SalesMan('小乔')]
    for emp in emps:
        if isinstance(emp, Programmer):
            emp.work_hour=float(input(f'请输入{emp.name}工作时长: '))
        elif isinstance(emp, SalesMan):
            emp.sales=float(input(f'请输入{emp.name}的销售额: '))
        print(f'{emp.name}的本月月薪为￥{emp.give_salary()} ')
```

拓展题 3：定义一个类实现倒计时的计时器（请参考手机上的计时器）。

参考程序：

```
import time
class Countdown():
    def __init__(self,hour,minute,second):
        self.hour=hour
        self.minute=minute
        self.second=second


    # 展示时间信息
    def show(self):
        return f'{self.hour:0>2d}:{self.minute:0>2d}:{self.second:0>2d}'


    # 退出终止方法
    def over(self):
        return self.hour!=0 or self.minute!=0 or self.second!=0


    # 走时间
    def run(self):
        if self.over():
            self.second-=1
            if self.second<0:
                self.second=59
                self.minute-=1
                if self.minute <0:
                    self.minute=59
                    self.hour-=1
# 调用部分
```

```
clock=Countdown(0,2,6)
print(clock.show())
while clock.over():
    time.sleep(1)           # 循环一次间隔一秒
    clock.run()             # 循环跑时间的方法
    print(clock.show())     # 跑一次展示一次
```

实验十二

Python 数据分析

一、实验目的

①熟悉数据分析第三方库 Numpy。
②熟悉数据分析第三方库 Pandas。
③掌握 Pandas 基本数据类型。
④掌握 Pandas 常用方法。

二、实验准备

（一）知识点回顾

1. Numpy 概述

Python 本身含有列表和数组，但对于大数据来说，这些结构是有很多不足的。由于列表的元素可以是任何对象，因此列表中所保存的是对象的指针。对于数值运算来说这种 结构比较浪费内存和 CPU 资源。至于数组对象，它可以直接保存数值，和 C 语言的一维数组比较类似。但是由于它不支持多维，在上面的函数也不多，因此也不适合做数值运算。Numpy 提供了两种基本的对象：ndarray（N-dimensional Array Object）和 ufunc(Universal Function Object)。ndarray 是存储单一数据类型的多维数组，而 ufunc 则是能够对数组进行处理的函数。

（1）功能。

①创建 n 维数组（矩阵）；

②对数组进行函数运算，使用函数计算十分快速，节省了大量的时间，且不需要编写循环，十分方便；

③数值积分、线性代数运算、傅里叶变换；

④ndarray 快速节省空间的多维数组，提供数组化的算术运算和高级的广播功能。

（2）对象。

NumPy 中的核心对象是 ndarray，ndarray 可以看成数组，存放同类元素，NumPy 里面所有的函数都是围绕 ndarray 展开的。

ndarray 内部由以下内容组成：

①一个指向数据(内存或内存映射文件中的一块数据)的指针。

②数据类型或 dtype，描述在数组中的固定大小值的格子。

③一个表示数组形状(shape)的元组，表示各维度大小的元组，形状为(row × col)。

（3）Numpy 创建。

①利用列表生成数组：

```python
import numpy as np
lst=[1, 2, 3, 4]
nd1=np.array(lst)
print(nd1, type(nd1))
# [1 2 3 4]<class 'numpy.ndarray'>
```

②利用 random 模块生成数组：

```python
import numpy as np
# 0到1标准正态分布
arr1=np.random.randn(3, 3)
# 0到1均匀分布
arr2=np.random.rand(3, 3)
# 均匀分布的随机数（浮点数），前两个参数表示随机数的范围，第三个表示生成随机数的个数
arr3=np.random.uniform(0, 10, 2)
```

③创建特定形状数组：

```python
import numpy as np
# 未初始化的数组
arr1=np.empty((2,3))
# 数组元素以 0 来填充
arr2=np.zeros((2, 3))
# 数组元素以 1 来填充
arr3=np.ones((2, 3))
# 数组以指定的数来进行填充，这里举例3
arr4=np.full((2, 3), 3)
# 生成单位，对角线上元素为 1，其他为0
arr5=np.eye(2)
# 二维矩阵输出矩阵对角线的元素，一维矩阵形成一个以一维数组为对角线元素的矩阵
arr6=np.diag(np.array([[1, 2, 3], [4, 5, 6], [7, 8, 9]]))
```

2. 了解 Pandas

Pandas 是为了解决数据分析任务而创建的，纳入了大量的库和标准数据模型，提供了高效地操作大型数据集所需的工具。其中，Series 和 DataFrame 数据类型分别对应一维数组和二维数组。

（1）Series 类型。

Series 是一维标记数组，可以存储任意数据类型，只允许存储相系列是一维标记数组，可以存储任意数据类型，只允许存储相同的数据类型。

每个 Series 对象实际上都由两个数组组成。

①Index：它是 Index 索引对象，保存标签信息。若创建 Series 对象时不指定 index，将

自动创建一个表示位置下标的索引。

②Values：保存元素值的数组。

Series 的创建——通过列表创建：

```
系列名= pandas.Series([值列表],index = [索引列表])
```

Series 增加行：

```
系列名[新索引]=值
```

（2）DataFrame 类型。

DataFrame 是二维标记数据结构，最常用的 Pandas 对象。

如图 12-1 所示，DataFrame 类型既有行索引，表明不同的行；又有列索引，表明不同的列，纵向索引。可以将 DataFrame 理解为 Series 的容器；Panel 是三维的数组，可以理解为 DataFrame 的容器。

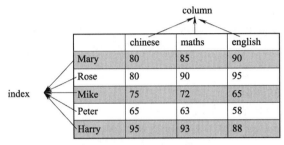

图12-1　DataFrame类型

（3）导入方法。

对于 Pandas 包，在 Python 中常见的导入方法如下：

```
from pandas import Series,DataFrame
import pandas as pd
```

3. Pandas 常用方法

（1）排序。

sort_index()用于按索引排序，sort_values()用于按值排序。sort_values()的语法如下：

```
sort_values(by,axis,ascending,inplace)
```

参数说明：

- by：axis 轴上的某个索引或索引列表；
- axis=0：按列排序 axis=1 按行排序 默认按列；
- ascending：是否按指定列的数组升序排列，默认为 True， 即升序排列；
- inplace：是否用排序后的数据集替换原来的数据，默认为 False，即不替换。

（2）删除指定轴上的项。

删除 Series 的元素或 DataFrame 的某一行（列），可以通过对象的 drop(labels,axis=0) 方法实现。axis=0，表示删除 index，因此删除 columns 时要指定 axis=1。

（3）DataFrame 的 duplicated()方法返回一个布尔型 Series，表示各行是否是重复行；drop_duplicates()用于去除重复的行数。

（4）DataFrame 的 unique()是以数组形式返回列的所有唯一值。

（5）DataFrame 从 Excel 文件读取数据使用 pd.read_excel()方法，语法格式如下：

```
pd.read_excel(filename,sheet_name,header,index_col,names,dtype)
```
参数说明：

- Filename：电子工作簿文件的路径；
- sheet_ name：需要读取电子工作簿文件的第几个工作表，既可以传递整数也可以传递具体的工作表名称；
- header：数据文件有表头时，默认读取第一行，即 header=0；
- names：若未传入 names 参数，则将第一行的文字作为列索引；若传入 names 参数，则 names 传入的参数作为列索引；数据无表头时，应传入 names 参数设置表头名称或设置 header=None；
- index_col：指定行索引；
- dtypes：通过字典的形式，指定某些列需要转换的形式。

（6）从 csv 文件读取数据。

从 csv 文件读取数据要用到 pd.read_csv 方法，语法格式如下：

```
pd.read_csv(filepath,sep,header,names,index col,Encoding)
```
参数说明：

- filepath：数据文件路径；
- sep：数据文件的分隔符，默认为逗号；
- header：数据文件有表头时，默认读取第一行，即 header=0；
- name：若未传入 names 参数，则将第一行的文字作为列索引；若传入 names 参数，则 names 传入的参数作为列索引；数据无表头时，应传入 names 参数设置表头名称或设置 header=None；
- index_col：在读取文件之后，生成的索引默认是 0、1、2、3……在读取的时候可指定某个列为索引；
- Encoding：编码格式。

（二）知识点巩固

1. pandas 中用于读取 Excel 文件的函数是（　　）。
    A. read_csv()　　　　B. read_excel()　　　C. read_table()　　　　D. read_sql()
2. 下列为 pandas 中常见数据结构的是（　　）。
    A. Series　　　　　B. Data　　　　　C. Array　　　　D. Panel
3. 对于 DataFrame 对象，以下说法错误的是（　　）。
    A. DataFrame 对象是一个表格型的数据结构
    B. DataFrame 对象的列是有序的
    C. DataFrame 对象列与列之间的数据类型可以互不相同
    D. DataFrame 对象每一行都是一个 Series 对象
4. pandas 提供了对各种格式数据文件的读取和写入工具，其中不包括（　　）。
    A. CSV 文件　　　　B. 文本文件　　　　C. 工作簿文件　　　D. EXE 文件

三、实验内容

上机题 1：输入以下程序代码并运行，分析程序运行结果。

```
#存放学生的编号、姓名、语文成绩、数学成绩、英语成绩到指定的score.csv文件中。
# -*- coding: gbk -*-
from pandas import Series,DataFrame
import pandas as pd
dictionary={'编号':[1,2,3,4,5,6,7,8,9,10],
            '姓名':["Mary","Rose","Peter","Lisa","Nana","Harry","Elsa","Mike",
"Lee","Jay"],
                        '数学':[88,75,78,75,95,88,85,66,73,80],
                        '语文':[85,89,84,71,69,89,90,87,78,86],
                        '英语':[77,65,72,65,69,75,84,79,85,69]}
data=DataFrame(dictionary,index=[1,2,3,4,5,6,7,8,9,10])
data.to_csv('score.csv', columns=["编号","姓名","数学","语文","英语
"],header=0,index=0)
data= pd.read_csv('score.csv', names=["编号","姓名","数学","语文","英语"])
data["平均分"]=round((data['语文']+data['数学']+data['英语'])/3,2)
data.sort_values('平均分',ascending=False,inplace=True)
data.to_csv('avgscore.csv', columns=["编号","姓名","数学","语文","英语
"],header=0,index=0)
```

上机题 **2**：如图 12-2 所示，给定超市销售数据文件"超市销售数据.xlsx"，使用 Pandas 编写程序实现功能：将数据按大类类别分别单独存储在文件"类别销售.xlsx"的工作表中，分类结果如图 12-3 所示。输入大类类别，系统将显示该类别工作表的销售日期、商品编码、商品单价、销售数量和销售金额信息。

	A	B	C	D	E	F	G	H	I	J	K	L	M	N	O
1	大类编码	大类名称	中类编码	中类名称	小类编码	小类名称	销售日期	销售月份	商品编码	规格型号	商品类型	单位	销售数量	销售金额	商品单价
2	12	蔬果	1201	蔬菜	120109	其它蔬菜	20150101	201501	DW-1201090311		生鲜	个	8	16	2
3	20	粮油	2014	酱菜类	201401	榨菜	20150101	201501	DW-2014010019	60g	一般商品	袋	6	3	0.5
4	15	日配	1505	冷藏乳品	150502	冷藏加味乳	20150101	201501	DW-1505020011	150g	一般商品	袋	1	2.4	2.4
5	15	日配	1503	冷藏料理	150305	冷藏面食类	20150101	201501	DW-1503050035	500g	一般商品	袋	1	8.3	8.3
6	15	日配	1505	冷藏乳品	150502	冷藏加味乳	20150101	201501	DW-1505020020	100g*8	一般商品	包	1	11.9	11.9
7	30	洗化	3018	卫生巾	301802	夜用卫生巾	20150101	201501	DW-3018020109	10片	一般商品	袋	1	8.9	8.9
8	12	蔬果	1201	蔬菜	120104	花果	20150101	201501	DW-1201040022	散称	生鲜	千克	0.964	5.3984	5.6
9	20	粮油	2001	袋装速食面	200101	牛肉口味	20150101	201501	DW-2001010062	120g	一般商品	袋	1	3	3
10	13	熟食	1308	现制中式	130803	现制烙类	20150101	201501	DW-1308030035	个	生鲜	个	2	2	1
11	22	休闲	2203	膨化点心	220302	袋装薯片	20150101	201501	DW-2203020029	45g	一般商品	袋	1	4	4
12	22	休闲	2201	饼干	220111	微味/休闲	20150101	201501	DW-2201110227	60g	一般商品	盒	1	6.7	6.7
13	12	蔬果	1201	蔬菜	120104	花果	20150101	201501	DW-1201040020	散称	生鲜	千克	0.784	1.2544	1.6
14	12	蔬果	1201	蔬菜	120104	花果	20150101	201501	DW-1201040035	散称	生鲜	千克	0.401	3.8496	9.6
15	15	日配	1521	蛋类	152101	新鲜蛋品	20150101	201501	DW-1521010005	散称	一般商品	千克	0.744	5.04432	6.78
16	13	熟食	1301	凉拌熟食	130101	凉拌素食	20150101	201501	DW-1301010076	散称	联营商品	kg	0.282	5.64	20
17	20	粮油	2011	液体调料	201111	料酒	20150101	201501	DW-2011110019	500mL	一般商品	瓶	1	5.5	5.5
18	10	肉禽	1004	鸡产品	100404	调味鸡肉	20150101	201501	DW-1004040019	散称	生鲜	Kg	0.64	12.544	19.6
19	31	家居	3119	卫浴用品	311902	浴球和浴花	20150101	201501	DW-3119020077	202	一般商品	只	1	3	3
20	34	针织	3412	毯子	341206	双人电热毯	20150101	201501	DW-3412060037	150*120	一般商品	条	1	90	90
21	22	休闲	2201	饼干	220110	简装/压缩	20150101	201501	DW-2201100015	散称	一般商品	KG	0.198	3.9204	19.8
22	22	休闲	2206	即食熟制品	220607	豆干类	20150101	201501	DW-2206070072	散称	一般商品	千克	0.228	13.452	59
23	20	粮油	2013	调味酱	201302	辣酱	20150101	201501	DW-2013020105	280g	一般商品	瓶	1	7.9	7.9
24	15	日配	1518	常温乳品	151805	利乐枕纯牛奶	20150101	201501	DW-1518050007	240ml	一般商品	袋	16	43.2	2.7
25	20	粮油	2011	液体调料	201102	生抽酱油	20150101	201501	DW-2011020021	500ml	一般商品	瓶	1	7.9	7.9
26	30	洗化	3008	洗护发用品	300801	洗发水	20150101	201501	DW-3008010289	200ml	一般商品	瓶	1	9.5	9.5

超市销售数据

图12-2　超市销售部分数据

	A	B	C	D	E	F	G	H	I
1	销售日期	商品编码	小类名称	商品单价	销售数量	销售金额			
2	20150101	DW-120109	其它蔬菜	2	8	16			
3	20150101	DW-120104	花果	5.6	0.964	5.3984			
4	20150101	DW-120104	花果	1.6	0.784	1.2544			
5	20150101	DW-120104	花果	9.6	0.401	3.8496			
6	20150101	DW-120104	花果	2.58	0.708	1.82664			
7	20150101	DW-120104	花果	1.8	0.636	1.1448			
8	20150101	DW-120303	梨类	3.18	1.922	6.11196			
9	20150101	DW-120102	根茎	2.56	0.656	1.67936			
10	20150101	DW-120102	根茎	3.96	0.988	3.91248			
11	20150101	DW-120104	花果	2.58	0.612	1.57896			
12	20150101	DW-120106	菌菇类	5.8	1	5.8			
13	20150101	DW-120303	梨类	15.96	0.92	14.6832			
14	20150101	DW-120102	根茎	2.56	1.146	2.93376			
15	20150101	DW-120302	苹果类	11.98	0.858	10.27884			
16	20150101	DW-120309	进口水果	15.9	0.266	4.2294			
17	20150101	DW-120104	花果	1.8	0.786	1.4148			
18	20150101	DW-120101	叶菜	6.56	0.796	5.22176			
19	20150101	DW-120201	豆腐	2.96	0.447	1.32312			
20	20150101	DW-120102	根茎	3.98	0.22	0.8756			
21	20150101	DW-120307	蕉类	5.96	0.641	3.82036			
22	20150101	DW-120201	豆腐	1.5	1	1.5			
23	20150101	DW-120104	花果	7.96	0.208	1.65568			
24	20150101	DW-120101	叶菜	5.56	0.12	0.6672			
25	20150101	DW-120301	柑桔柚类	2	2.018	4.036			
26	20150101	DW-120301	柑桔柚类	7.98	0.366	2.92068			
27	20150101	DW-120309	进口水果	15.9	0.278	4.4202			

蔬果 粮油 日配 洗化 熟食 休闲 肉禽 家居 针织 烘焙 冲调 文体 水产 酒饮 家电

图12-3　类别销售部分数据

上机题 3：对上机题 2 中的给定超市销售数据文件"超市销售数据.xlsx"，使用 Pandas 编写程序实现功能：使用 Excel 建立一个统计数据工作簿，建立一个工作表名为类别统计，按销售金额降序显示不同大类中类别的销售金额的和；建立一个工作表名为日期统计，按日期升序显示不同日期销售金额的和，运行结果如图 12-4 所示。

	A	B	C
1	大类名称	销售金额	
2	蔬果	1065.29	
3	日配	863.5231	
4	洗化	831.5	
5	粮油	787.2695	
6	休闲	660.2012	
7	冲调	249.3	
8	肉禽	165.5084	
9	针织	159	
10	酒饮	141.3	
11	家居	115.9	
12	熟食	74.19	
13	水产	43.08	
14	家电	31	
15	文体	13.3	
16	烘焙	6.144	

	A	B	C
1	销售日期	销售金额	
2	20150101	3061.635	
3	20150102	2144.872	

类别统计 日期统计

图12-4　统计数据工作部

上机题 4：对上机题 2 中的给定超市销售数据文件"超市销售数据.xlsx"，使用 Pandas 编写程序实现功能：根据销售日期建立不同的 Excel 文件，将同一类别的销售信息存放在 Excel 文件的不同工作表中，运行结果如图 12-5 所示。对每个销售日的数据表建立类别统计工作表，显示该日各类别的合计金额的和，按合计金额的降序排列，运行结果如图 12-6 所示。

名称

📊 20150101.xlsx

📊 20150102.xlsx

图12-5　按销售日期建立工作表

	A	B
1	类别	销售金额
2	蔬果	587.753
3	日配	526.447
4	洗化	460.6
5	粮油	395.5987
6	休闲	359.5204
7	冲调	222.6
8	针织	159
9	家居	97.9
10	酒饮	76.1
11	熟食	47.39
12	肉禽	43.2416
13	水产	38.04
14	家电	31
15	文体	10.3
16	烘焙	6.144

◄ … 粮油 日配 洗化 熟食 休闲 肉禽 家居 针织 烘焙 冲调 文体 水产 酒饮 家电 类别统计 ►

图12-6　类别统计工作表

上机题 5：如图 12-7 所示，给定通信营业厅客户数据文件 "CustomerSurvival.csv"，使用 Numpy 编写程序实现功能。

	A	B	C	D	E	F
1	index	pack_type	extra_time	extra_flow	use_month	loss
2	1	1	792.83	-10.45	25	0
3	2	1	121.67	-21.14	25	0
4	3	1	-30	-25.66	2	1
5	4	1	241.5	-288.34	25	0
6	5	1	1629.67	-23.66	25	0
7	6	1	182	-115.86	25	0
8	7	1	196.33	221.29	23	0
9	8	1	539.5	81.16	25	0
10	9	1	1037.17	8.34	25	0
11	10	2	289	-131.78	25	0
12	11	1	1541.8	-136.39	12	1
13	12	1	90	-27.69	2	1
14	13	1	407.5	112.79	25	0
15	14	1	157.83	45.26	25	0
16	15	2	-307.17	-356.35	25	0
17	16	1	1163.5	94.63	25	0
18	17	1	1642.33	55.14	25	0
19	18	1	644.17	-73.36	25	0
20	19	2	-95	9.48	25	0
21	20	1	1058.73	-10.6	10	1
22	21	1	1053.5	180.92	25	0
23	22	1	597.5	9.9	25	0
24	23	1	2747.83	-42.41	23	0
25	24	1	36.5	-81.63	25	0
26	25	1	-77.17	-60.14	13	1

◄ ► CustomerSurvival ⊕

图12-7　营业厅客户数据

（1）求 extra_time（通话剩余时间）、extra_flow（剩余流量）、use_month（使用时间）的平均值、最大值、最小值，运行结果如图 12-8 所示。

```
extra_time
avg: 258.52003417085456
max: 4314.0
min: -2828.33
extra_flow
avg: -71.58042211055259
max: 2568.7
min: -2189.88
use_month
avg: 14.77427135678392
max: 25.0
min: 1.0
>>>
```

图12-8　运行结果示例1

（2）统计所有有额外剩余通话时长的人数占总人数的比例。统计所有有额外剩余流量的人数占总人数的比例，运行结果如图 12-9 所示。

```
有额外剩余通话时长的人数占总人数的比例:
0.5220100502512562
有额外剩余流量的人数占总人数的比例:
0.18231155778894473
>>>
```

图12-9　运行结果示例2

（3）统计每一类套餐的人数与总人数的占比，运行结果如图 12-10 所示。

```
套餐 1.0:
0.9485427135678391
套餐 2.0:
0.04522613065326633
套餐 3.0:
0.006231155778894473
>>>
```

图12-10　运行结果示例3

参 考 文 献

[1] 陈东.Python 语言程序设计实践教程[M]. 上海:上海交通大学出版社, 2019.

[2] 嵩天, 礼欣, 黄天羽.Python 语言程序设计基础[M]. 2 版. 北京:高等教育出版社, 2021.

[3] 董付国.Python 程序设计基础[M]. 2 版. 北京:清华大学出版社, 2021.

[4] 叶君耀, 王素丽, 李慧颖.计算思维与信息技术导论[M]. 北京:北京邮电大学出版社, 2022.